U0255712

本项目得到中国科学院自然科学史研究所、
中国科学技术史学会传统工艺分会支持

中国手工艺

Chinese Handicraft

华觉明　李绵璐　主编

工具器械

Tools, Instruments and Mechanical Appliances

冯立昇　关晓武　张治中　编著

中原出版传媒集团
大地传媒

大象出版社
·郑州·

图书在版编目(CIP)数据

工具器械/冯立昇，关晓武，张治中编著.— 郑州：大象出版社，2016.7
(中国手工艺)
ISBN 978-7-5347-8920-5

Ⅰ.①工… Ⅱ.①冯… ②关… ③张… Ⅲ.①工具—生产工艺—中国 Ⅳ.①TB4

中国版本图书馆 CIP 数据核字(2016)第 147487 号

中国手工艺
华觉明 李绵璐 主编

工具器械
冯立昇 关晓武 张治中 编著

出 版 人 王刘纯
责任编辑 郭一凡
责任校对 马 宁 李婧慧
书籍设计 王晶晶

出版发行 大象出版社(郑州市开元路 16 号 邮政编码 450044)
发行科 0371-63863551 总编室 0371-65597936
网 址 www.daxiang.cn
印 刷 新乡市龙泉印务有限公司
经 销 各地新华书店经销
开 本 787mm×1092mm 1/16
印 张 14.5
字 数 182 千字
版 次 2016 年 9 月第 1 版 2016 年 9 月第 1 次印刷
定 价 48.00 元

印厂地址 河南省新乡经济开发区中央大道中段
邮政编码 453731 电话 0373-5590988

与手工艺同行

（总序）

手艺具有实用的品格、理性的品格和审美的品格。

手艺是人性的、个性的、能动的和永恒的。

手艺的这些本质特征，决定了它蕴有重要的民生价值、经济价值、学术价值、艺术价值和人文价值。

中国是世所公认的手工艺大国。所有出土和传世的人工制作的文物、古建筑和古代工程，都是传统技艺的产物。只此一端，可见手工艺在中华文明的发展历程中曾起过何等重大的作用。

在现实生活中，锄、镰、斧、凿、桌、椅、床、柜、油、盐、酱、醋、纸、墨、笔、砚、青瓷、紫砂、刺绣、织锦、草编、竹编、木雕、玉雕、剪纸、年画、灯彩、风筝、金箔、银饰仍广泛使用，为人们所喜闻乐见。随着现代化程度的提升和生活水平的提高，手艺制品和手艺活动将有更大的拓展空间，从而凸现其现代价值和在维护文化多样性、保持民族特质方面的重大作用。

手艺乃国之瑰宝。

手艺的保护和振兴是我国现代化建设的题中应有之义。

请珍爱手艺，与手艺同行！

华觉明

2007 年 9 月 20 日

目　录

绪　言

“工欲善其事，必先利其器。”工具和器械是人类用以适应自然、改变自然的手段。工具、机械和各类器具的发明和使用，从根本上改变了人和自然的关系，构建了人造自然的形成过程与格局，改进了生产劳作的方式，提升了人们的生活质量，对人类文明进程起着关键的作用。在各类传统工艺中，工具器械制作具有基础性的意义。

工具器械的成果主要反映在三类史料之中，即文字资料、图像与图形资料和实物资料，包括各类典籍中的有关史料和出土文物上相关的铭刻资料等。除一些技术著作中有关工具器械的专论性记述外，关于工具器械的文献资料十分零散，分散在各类古籍之中。图像与图形资料主要是指存在于帛、纸为载体的古代绘画作品、各类写本和印刷本书籍以及古代岩画、铜器刻画、砖石刻画、壁画等平面绘画和浮雕作品中的工具器械的图像和图形。实物资料是指考古发掘中出土的和传世的与古代工具器械直接相关的各种实物，包括大量的各类工具器械成品、半成品、零部件、模型、明器和加工产品等，目前在民间仍保存不少传统工具器械及制作工艺，也可提供重要的实物资料。

工具器械种类繁多。仅就机械而言，刘仙洲在《中国机械工程发明史（第一编）》中将机械分为七类，即简单机械、发动机或原动机、工作机、传动机、仪表、仅用发动机原理的机械、发电机与电动机。按使用功能则可分为动力机械、物料搬运机械、粉碎机械等；按服务产业可分为农业机械、矿山机械、纺织机械、运输机械和化工机械等；按工作原理又可分为热力机械、流体机械、往复机械和仿生机械等。本书涵盖了工具、机械和器具三个方面的内容，统称之为工具器械制作，以下按六章内容展开论述。

第一章

农具、手工工具和简单机械

第一节　农具

一、耒耜

耒耜是先秦时期的主要农耕工具。许慎、郑玄以耒、耜为一物，根据《管子·海王》的记载，耒、耜实为两种农具，有出土实物为证。

最早的耒为一根尖头木棍，用以翻土。后附加横梁，可脚踏使木棍深入。新石器时代晚期遗址有保留在黄土上的耒痕。甲骨文的耒，刻画出商代木耒的大致形象。在实践中，又发展出了双齿木耒（图1–1）和曲柄耒。耒在战国文献中常和耜并提。耜为铲状，用于挖土、掘土，《周礼·地官·山虞》：“凡服耜，斩季材，以时入之”，即选择较小的树木作耜。

图1–1　神农执耒画像（引自宋树友主编《中华农器》第一卷图1.2.1.5）

耒、耜有木、石、骨（图1–2）质。湖北江陵出土的战国耒，从柄到齿皆为木制，齿端套有铁刃口。长沙马王堆汉墓出土木臿也套有铁刃。

耒、耜的发明和复合应用提高了耕作效率，产生了真正意义上的耕播农业。耒、耜结合可组成复式农具，使农业生产进入新的阶段。

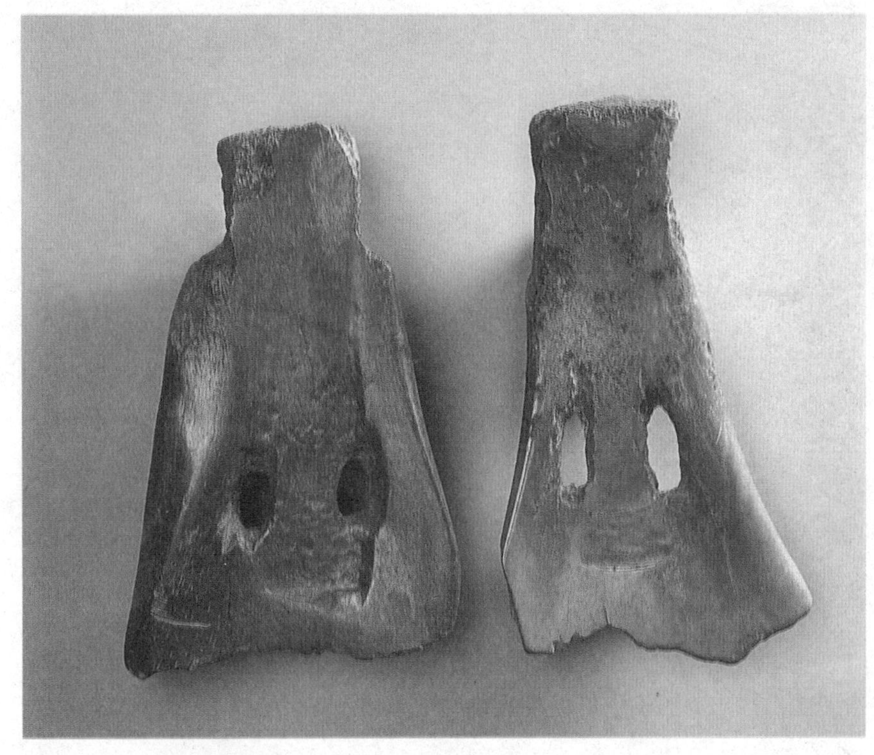

图 1–2 骨耜（引自《中国古代科技文物展》图 6–5）

手作农具种类甚多，常用的如锄、铲、镰、耨等，在此不一一列举。

二、犁

1. 引言

耕犁是最基本的农具，以牛牵引的犁耕，标志着中国传统农业的技术水平。耕犁在我国历史悠久，但发展极不平衡，不同的环境条件和不同民族的应用情况造就了不同的类型。而且直到现代，在某些边远地区仍保留并使用形态十分古老的耕犁。传统犁多以畜力牵引，一般称畜力犁或步犁，但也有人力曳引的犁。传统耕犁又可分为直辕犁和曲辕犁两类。直辕犁又可分单直辕犁与双直辕犁（一般为长直辕犁，短直辕犁也有）。其中用二牛抬杠耕地的亦叫杠子犁。曲辕犁是由直辕犁发展而来的，也可分短曲辕

图 1–3 清末明信片上的曲辕犁照片

犁与长曲辕犁。曲辕犁是使用最为广泛的耕犁类型，图 1–3 为清末（1908年 9 月 29 日由上海寄往比利时）明信片上反映中国北方农民犁地的情景[①]，犁的结构形式为典型的曲辕犁。

尽管曲辕犁长期占据主导地位，但长直辕犁在我国西部地区及山区一直也在使用。如 20 世纪 30 年代在四川雅安和湖北光化仍然采用二牛抬杠的耕作方式，所用的犁为长直辕犁。直到 20 世纪 80 年代前后，长直辕犁在青海、甘肃、宁夏、云南、贵州、西藏及陕西南部山区等地尚存。特别是在一些少数民族生活的地区使用较多。云南地区，使用得还比较普遍。摩梭人称之为“日鲁”，普米族称之为“穿木冬”，传说其是普米族发明的。[②]怒族和四川、青海等地的某些藏族也都使用这种犁。图 1– 4 为云南中甸县三坝乡纳西族的直辕二牛抬杠犁，中甸藏族驾牛方式和犁的结构与此也相同。[③]图 1–5 是云南纳西族使用的直辕犁的照片，从中可以更清楚地看到直

① 绶祥，方霖，北宁编：《旧梦重惊（方霖、北宁藏清代明信片选集 I）》，广西美术出版社，1998 年第 121 页。
② 宋兆麟：《泸沽湖畔摩梭人的农业》，《农业考古》，1982 年第 1 期，第 114～121 页。
③ 尹少亭：《云南物质文化·农耕卷（下）》，云南教育出版社，1996 年，第 193 页。

图1-4 云南纳西族采用的二牛抬杠耕作方式（采自《云南物质文化·农耕卷》）

图 1-5 云南纳西族使用的直辕犁（冯立昇摄）

辕犁的构造。

而在传统耕犁中，曲辕犁流传更为广泛，它经唐代陆龟蒙改进后，成为中国传统犁具最主要的形式。直到 20 世纪后期，它一直是南北各地广大农村最得力的耕作农具，在我国农业生产中扮演着极其重要的角色。

2. 曲辕犁的构造

唐代陆龟蒙在总结民间制作耕犁的基础上，写成《耒耜经》一书，详细记述了江东地区普遍使用的耕犁的部件、尺寸和功用。江东犁由铁质的

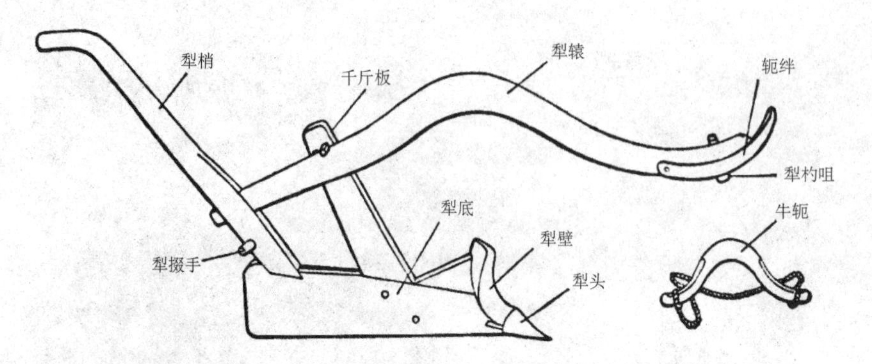

图 1–6　犁的主要构造

犁镵与犁壁和木材制造的其他九个部件犁底、压镵、策额、犁箭（或犁柱）、犁辕、犁梢、犁评、犁建、犁槃组成。其中犁辕为动力牵引件；犁梢为耕作操纵件；犁箭、犁评、犁建是耕深调节件；策额、压镵为犁壁固定件；犁底是用作犁镵固定及保持耕作平稳件；犁镵（即犁铧，也称犁头）为耕作件；犁槃则是动力与犁的连接件。唐代这种曲辕犁经千年的发展，在保持基本功能不变的情况下，全国各地根据当地的实际情况，在构件上删繁就简，制作了形式多样的、带有地方特色的曲辕犁。如有的省去了犁箭、犁评、犁建，将调节耕深的功能，放在了犁辕与犁梢的连接处，有的使犁梢与犁底一体化，整架犁只有犁辕、犁梢—犁底一体与犁铧。

曲辕较直辕短小，使犁体大大减轻。它不仅用料少，而且非常轻便和灵巧。图 1–6 为 20 多年前江南地区（上海、江苏等地）广泛使用的耕犁的构造图[①]，其中千斤板即为犁箭，也是承受牵引作用的主要部件，其上部与犁辕接合处为活动接合，犁辕上开有呈梯形状的榫眼孔，千斤板上端贯穿犁辕，并在固定犁辕位置处钻有一高一低两孔，用木销销住，以固定犁辕调节后的位置。

江南犁的犁辕不仅有上下的弯势，而且还有左右的弯势，这样做出的犁，在耕田时土块才向上翻起，不会堵塞在犁辕和犁壁之间，翻土比较容易。

① 上海市嘉定家具厂《农村木工》编写组：《农村木工》，上海科学技术出版社，1979 年，第 86 页。

图 1–7 贵州丛江县木犁（冯立昇摄）

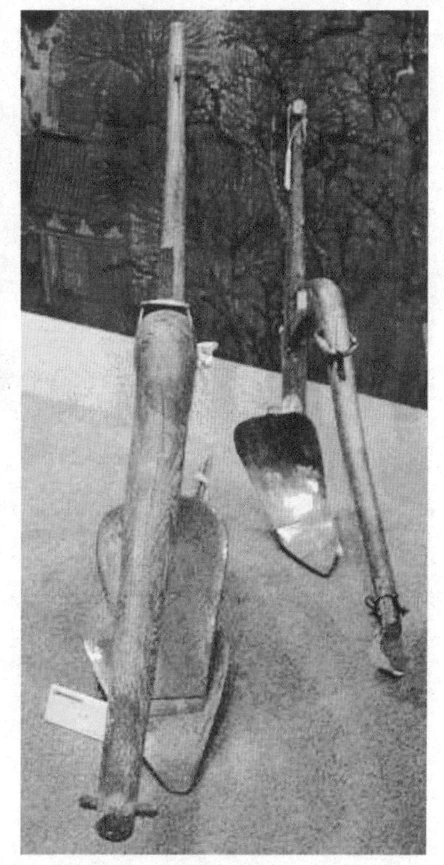

图 1–8 贵州丛江县木犁（冯立昇摄）

2006 年文化部等单位在国家博物馆举办了“中国非物质文化遗产保护成果展”，其中展出的传统曲辕犁为贵州丛江县小黄村原使用的两个木辕曲辕犁。图 1–7 和图 1–8 是从两个不同方向拍摄的照片。从中可以看出，犁辕不仅有上下的弯势，而且也有左右的弯势。

近代传统曲辕犁的一项重要改进是采用了铁制犁辕。铁辕曲辕犁出现于晚清时期，民国时期得到了推广。20 世纪三四十年代中国乡村流行的曲辕犁，因犁辕材料不同，有铁辕犁和木辕犁两大类型。铁制犁辕为部分制铁业较发达的地区（如江苏无锡、上海等地）所采用，且在北方的一些地方（如北京、河南、山东等地）也相当流行。两种犁混用的地方也不少。图 1–9 是 20 世纪 40 年代初北京郊区使用的铁辕犁。[1] 采用铁制犁辕，不仅增加了犁的使用寿命，而且可以自由加工弯势，也改进了犁的性能。它省去了支撑犁辕的犁箭，使犁身结构简化。

① 《华北产业科学研究所和华北农事试验场》，《北支の農具に関する調査》，1942 年。

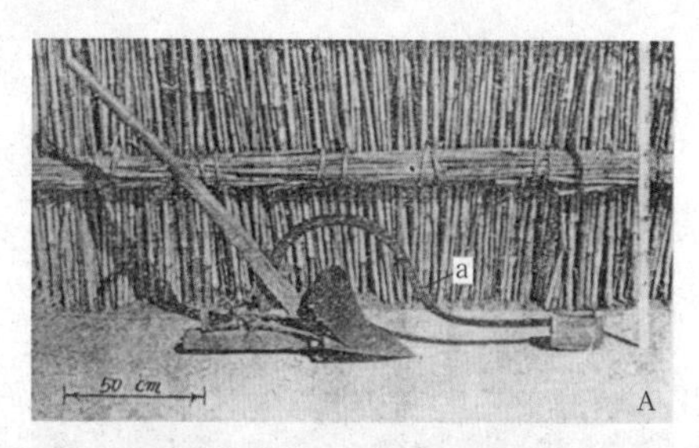

图 1–9　北京郊区使用的铁辕曲辕犁（引自《北支の農具に関する調査》）

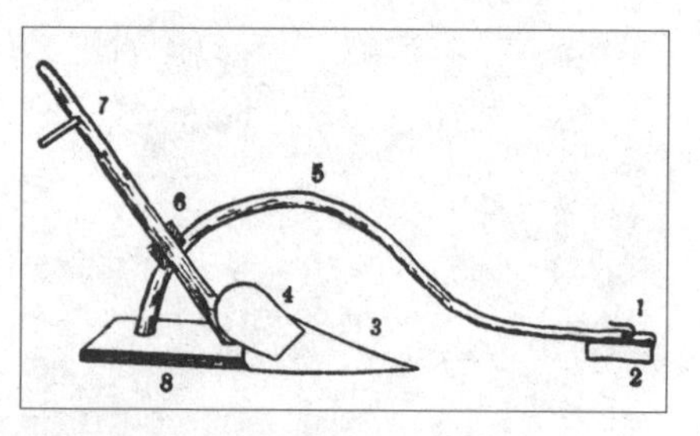

图 1–10　铁辕曲辕犁的构造图

图 1–11　内蒙古凉城县农民使用的铁辕犁（董杰摄）

其犁梢中部挖一长形孔槽，在犁梢与犁辕嵌合部分用木楔来固定和调节。木楔在一定范围上下移动，可降低或升高犁辕的位置，以调节犁镵入土的深浅，从而控制作业的深度。犁的构造简单，由 8 个构件组成：①犁钩，②托头，③犁镵，④犁壁，⑤犁辕，⑥木楔，⑦犁梢，⑧犁床。图 1–10 是这种铁辕犁的构造图。①

20 世纪七八十年代铁制犁辕在南北不少地方都有使用，图 1–11 所示为目前在内蒙古凉城县前些年使用的铁辕犁，其构造仍没有太大的变化。

3. 犁的制作技艺

由于耕犁的部件包括木制和铁制两大类，因此制作犁需要由木匠和铁

① 秦含章：《农具》，商务印书馆，1951 年，第 32 页。

匠协作完成。其中犁铧、犁壁、犁辕、犁底、犁梢及千斤板都是犁的主要部件，犁铧、犁壁和铁犁辕由铁匠制作，其余部件及装配要由木匠完成。犁的制作技术要求很高，专门的木匠才能胜任。

犁辕是犁的关键部件，曲辕的前端要求有一小部分弯曲上挠，这样在耕作过程中比较省力。对于木制犁辕的制作，由于无法自由加工弯势，因此选材非常重要。制作犁的老木匠常说，“一半选材，一半制作”。犁辕的制作，一般选用苦楝树、野榆树、樟树、槐树等材料，如没有这些树种，也可用乌绒树、水曲柳树等材质的树木。要从树木发育过程中，选用适合的弯曲树干，一般选取犁辕的材料多利用树的主干部分与枝杈形成的弯势，叫做“利用杈枝，借用主干”。必要时还要对一些合适的树木人工加压，使其弯曲生长，经一两年后可得固定的形状。因此犁辕的材料用普通的木材是不行的。即使用大木料锯割成所需要的弯势也不行，这种人工锯割成的弯势，经不起牛拉，用时会发生断裂，所以必须到自然生长的树木中寻找。作为犁辕的材料除了要有上下的弯势外，有时还要有左右的弯势，这样制作的犁，在耕田时可使土块向上翻起，翻土比较容易。

犁底一般用苦楝树、樟树、枣树、杏树等材料制作，有时也用麻栗、水曲柳等树木制作，但性能要差一些。其前端下部，多按照犁头锥形大小加工成半圆锥形。千斤板和犁梢主要用苦楝树、槐树、桑树等材料制作，不能有虫蛀、腐朽等缺陷。根据所需成品部件的尺寸，在毛料选出后，要留出加工余量。画线经加工时，要在毛坯锯好后搭配起来反复进行校正，画出各榫眼线和斜度线，然后进行精加工。

木犁的部件有些是固定结合，有些则要活动配合。千斤板和犁底需紧固，由于千斤板上小下大，安装时，要从犁底底部插入。犁梢与犁底也是固定接合，而犁梢与犁辕接合处为活动接合，榫眼位置在确定犁深浅和弯势距离后画出，以配合犁辕在千斤板上调节高低。

铁犁壁和犁头装在犁底上略向右倾斜，就是说木犁壁也略向右倾斜。

犁头尖比犁底地平线低 1 ～ 1.5 毫米，这样耕田时出土就比较容易。一般木犁耕深为 100 ～ 140 毫米。木犁使用久了，犁底后端会逐渐磨损，使犁尖抬起，影响耕深，这时，就应把犁底重新刨削修整，使犁尖保持低于犁底 1 ～ 1.5 毫米。

从调查的情况看，与水田曲辕犁有所不同，旱地曲辕犁的犁梢把手要高些，水犁低些，因为人站在水田会陷入泥中，抬高了掌犁会比较费力。一般旱地犁辕也稍高，犁头易切土，水田犁辕稍低，犁田时较省力。

从实测及各地调查看，制作曲辕犁主要部件的长度是：犁梢长度为 100~130 厘米（一般是齐腰高，视农户主的身高而定，身高者，则梢长一点，身矮者，取短一点），犁辕为 110 ～ 210 厘米，犁底为 40 ～ 100 厘米，千斤板 40 ～ 70 厘米。犁的制作并没有一个绝对统一的尺寸。只是在一个大致的尺寸范围内，根据材料、经验、土壤状况和作物品种等具体情况制作。

目前在河北、山西、内蒙古一些地方的农村中仍有一些木匠掌握制作传统旱地曲辕犁的技艺。2008 年 10 月冯立昇和研究生黄兴、董杰先后对河北张家口地区、内蒙古乌盟地区制作和使用曲辕犁的情况进行过调查。

河北张家口市宣化县深井乡丁家坊村的木匠宁大胜老人，有 50 多年制作农具经验。他年已 75 岁，从十几岁开始师从一位本家的叔父学习木工手艺。从 20 世纪 50 年代初至今，他先后制作、维修过犁、耧、马车、独轮车、风箱等多种农具和工具。目前每年农闲时他仍要给村民制作和维修一定数量的农具。图 1–12 所示为他制作并仍在使用的犁。

2009 年 7 月，宁大胜老人按照传统的工艺制作了一架木犁。材料已经提前准备好，图 1–13 是他已选好的可以制作犁辕的木材，他向我们强调了选材的重要性，如犁辕一定要选用适合的弯曲树干制作，否则或达不到使用要求，或易断裂。当时不是农忙季节，调查进行很顺利，黄兴对制作过程进行了录像、拍照和测绘等现场记录性工作。

老人用了一天的时间基本完成了犁的木质结构部分的制作。老人做犁

图 1–12 宁大胜老人和他制作的曲辕犁（冯立昇摄）

图 1–13 宁大胜老人向笔者展示制作犁辕的木料并讲述制作方法（黄兴摄）

工具都是木匠工具，包括：推刨（大、小两个）、斧子、小锤子、凿子（大、中、小刃口各一个）、墨斗、墨笔、锯子、方尺、木经尺、锛子和一条尼龙绳子。

犁的制作过程可分为粗坯加工、铺犁、精加工、组装四个阶段。

（1）粗坯加工

就是把犁弯（犁辕）、犁底、犁脊（犁箭）等构件制作成型。

第一步是劈犁弯。

制作犁弯的材料选用弯曲的榆木或杏木树干，树干随材就料，长度 1.5 米至 1.7 米，直径 15 厘米左右，没有特别严格的要求。犁其他各部分的尺寸根据犁弯确定。

犁弯制作过程如下：首先用脚踏住树干，用锛子劈去树皮和部分木头，把树干的横截面加工成矩形，上下较粗，左右较细。再用刨将各个边、棱加工光滑。

第二步是劈犁底。

犁底用杏木制成，质地较硬，而且耐磨。制作犁底的杏木材料长 57 厘米。用锛子和锯子把杏木加工成 57 厘米 ×20 厘米 ×20 厘米的长方体。

第三步是加工犁尾（犁梢）、犁脊。

犁尾和犁脊都是连接犁底的构件。犁尾还能供人手扶，控制耕地方向和深浅。平地使用的犁，犁尾长一些，减少弯腰；坡地使用的犁，犁尾短一些，以免翘得太高。在这一步，将犁尾和犁脊用榆木锯成长条状木料。

第四步是制作犁托头。

犁托头是一块矩形木料，安装在犁弯的前端，用来支撑犁弯，协助控制犁铧入土的倾角。在犁托头和犁弯接合部，揳入一块矩形楔子。

（2）铺犁

铺犁就是将上述部件按照各自位置摆放，确定犁整体框架，并借助方尺、木经尺等，在需要凿眼的犁底、犁弯、犁尾等部位画线。这一步很重要。宁大胜老人讲，各部分位置、角度摆放得合适，犁看起来协调、美观，使用时也能节省畜力、结实耐用。我们估量了各部分之间的角度，犁底与犁弯后部夹角约 5°，犁脊大约后倾 10°，犁尾约后倾 30°。但宁大胜老人完全凭经验和感觉摆放，没有确定的夹角度数。

（3）精加工

第一步是加工犁弯。

按照铺犁时画的线，将犁弯的尾部凿成所需形状。方法是先在将要去掉的部分上锯出几列槽痕，再用凿子加工成最后形状。

在犁弯的中部偏后，与犁脊相接的位置要凿一通透孔。犁弯前端与犁托头相接触的地方凿约 1 寸深的孔，不凿通。

第二步是加工犁脊。

用锛子将犁脊的上部和下端的左右两个侧面加工得窄一些，分别与犁弯和犁底上的孔形成过盈配合。

第三步是加工犁底。

加工犁底工作量大、材质硬，要求也比较精细，所以最费时间。由于时间和老人体力的关系，没有继续加工犁底坯子，而是使用了一个旧犁底。

犁底头部削尖，前部大，后部小，略呈流线型；与犁脊、犁尾接合部较粗大一些，并凿贯通孔，其余地方用斧子砍去，以减轻犁底重量。犁底前部与犁脊接合处横凿一贯通孔，插入销子以固定犁脊、绑定犁铧。中部凿一孔安装卧牛，协助绑定犁铧。

第四步是加工犁尾。

在犁尾与犁弯接合部凿一贯通孔，大小为14厘米×2.5厘米，下端锯窄，与犁底上的孔形成过盈配合。在犁尾下部人手高度处凿圆形槽，安装犁把手，供人手持。从犁尾下端，沿中线锯通，一直锯到贯通孔。在贯通孔上沿，用尼龙绳系紧。在贯通孔附近的木料上洒些水，增加木料韧性，以备安装犁尾。

(4) 组装

首先是把犁尾与犁弯组装在一起。方法是先用一较大楔子将犁尾下端的锯缝撑开，再把犁弯后端架在板凳上，把撑开的犁尾下端插到犁弯后端，取下楔子，慢慢往下敲打犁尾，使贯通孔套住犁弯后端的颈部，将犁弯锁住。从而保证耕地时，犁弯不会被从犁尾中拉出。

接下来把犁脊上端插入犁弯中部的孔内，下端插入犁底前部的孔内。然后把犁尾下端插入犁底后部的孔中，再用斧头把各个构件敲紧。

在犁脊与犁底、犁脊与犁弯、犁尾与犁底、犁弯与犁尾等各个接合部都打入楔子，进行加固。犁弯与犁尾接合部的孔比较长，上下都可以打入楔子，改变楔子数目可以调节犁弯与地面的角度，改变犁铧入地的倾角，从而控制耕地的深度。

犁钩和犁铧由铁匠打制，雇主买来交由木匠安装。犁钩的下半部打制成钉子形状，从犁弯前端向下钉透，一直钉入犁托头内，将两者固定；犁钩的上半部向后弯曲，抵住犁弯，耕地时在此挽绳索。犁铧安装在犁底前端，用铁丝与犁脊绑定。当地使用的犁铧为平头犁铧，耕地时向两侧翻土。

至此，犁的构架已经基本完成。接下来还要对各个部件再进行精细加工，使之轻便、美观、光滑，更加适用。

内蒙古凉城县六苏木的秃小子、三苏木鞭墙村宋焕真、广汉营乡的阎

图 1–14 内蒙古凉城县使用的犁镜、犁铧（董杰摄）

喜连以及丰镇市元山乡榆树沟村的张秀龙都能制作木犁、耧车等农具，他们祖辈或父辈都是从事木匠的手艺人。秃小子的手艺是相当好的，20 世纪 60 年代在人民公社时期，周围的一些大队使用的犁大都是他做的，现在他已 70 多岁。目前传统犁已逐渐被机耕犁所取代，使用的人越来越少。昔日使用的传统犁虽然大都被淘汰，但当时犁镜（犁壁）、犁头要由铁匠生产，有些已经专业化批量生产，因此尚有不少备件（图 1–14）。

铁辕犁的关键部件犁辕、犁镜和犁头都以铁为材料，因此制作工艺以金属工艺为主。山西阳城地区拥有犁镜、犁铧铸造的成套技术，犁炉炼铁和铁范的犁镜铸造一直延续到 20 世纪 90 年代，技艺十分精湛，至今仍有多名传承人和作坊存世，及犁炉、铁范、犁镜等大量实物，堪称活化石。2006 年 6 月，阳城生铁冶铸技艺入选首批国家级非物质文化遗产名录。阳城犁镜的冶铸工艺，在本丛书的《金属采冶和加工工艺》卷中有较详细的介绍。

三、耧

1. 引言

耧又称耧犁或耧车，该器早在西汉时期已经开始使用。崔寔《政论》：“武帝以赵过为搜粟都尉，教民耕殖，其法三犁共一牛。一人将之，下种挽耧，皆取备焉。日种一顷。至今三辅犹赖其利。”“三犁”实际上指的就是三脚耧。考古资料中也有反映耧的壁画出土，如山西平陆汉墓壁画上就有耧，在甘肃嘉峪关魏晋画像砖和唐代李寿墓壁画上也有以牛挽耧的形象。这些发现印证了崔寔的记载是可信的。《齐民要术》“耕田篇”注称当时有三脚耧和两脚耧，两脚耧的使用不如一脚耧便利。元代王祯《农书》“农器图谱”上绘有耧车图（图 1–15）。该书还对当时耧的使用分布情况做了说明：“今燕、赵、齐、鲁之间多有两脚耧，关以西有四脚耧，但添一牛功又速也。”

刘仙洲先生曾对耧的构造和功能进行过研究和复原[①]，中国历史博物

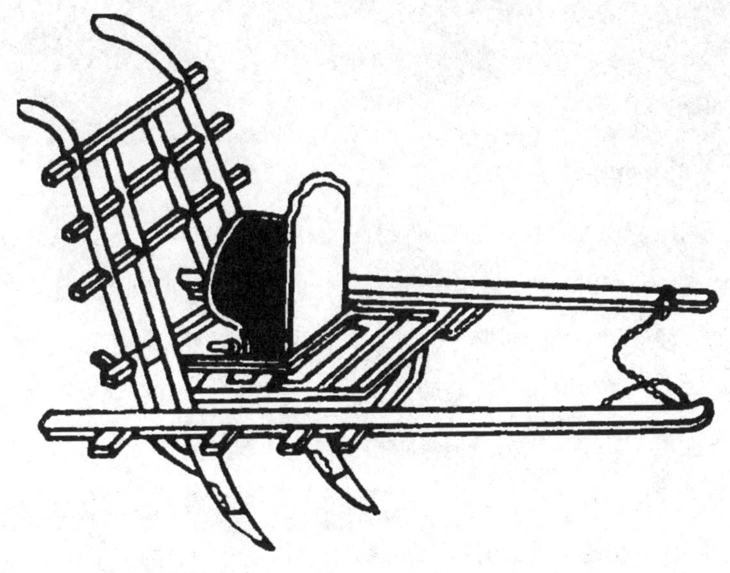

图 1–15　王祯《农书》中的耧车图

① 刘仙洲：《中国古代农业机械简史》，科学出版社，1963 年，第 35 页。

图 1–16　汉代三脚耧复原模型

馆（现国家博物馆）据此复原了汉代的三脚耧（图 1–16）[①]。从现存的各地实物看，耧车有一脚、二脚、三脚之分，但其播种原理和操作方法却是相同的。耧沿用了约两千年之久，在农业生产和农业工具发展过程中扮演过重要的角色，也经历了深刻的变化。与犁一样，其变化的总趋势也是被机械化播种工具逐步代替。但与犁相比，耧还有它的特殊之处。它是北方农民使用的旱地播种农具，其适用范围主要是平原地区及起伏不大的丘陵地区。因此，耧的应用范围不及犁广，但应用条件却更高。

耧的使用范围的缩小或消失要比犁快得多。在绝大部分地区，耧已被

① 本书编委会：《中国古代科技文物展》，朝华出版社，1997 年，第 61 页。

机械播种机所代替。目前内地年轻的农民，多不知道耧为何物，表明耧已退出了实用的舞台，但在北方一些地区，仍能见到尚未退役的耧车实物，还有一些农村木匠能够制作耧车。图 1–17 是河北省张家口市宣化县深井乡农民使用的三脚耧车，图 1–18 是山西朔州赵家口村农民使用的三脚耧车，其构造大致相同。

图 1–17　河北省张家口市宣化县农民使用的耧车（冯立昇摄）

2. 耧的构造原理

耧是由畜力牵引的旱地播种工具，它一般由耧架（整机支撑部分）、耧斗及下种调节器（容种部分）、耧铧（切土开沟部分）三部分组成。耧架部分主要由耧梢及其把手、耧盘、耧辕构成，容种部分包括装种子的斗室、下种调节器及漏种管等构件，切土开沟的部件为耧铧，也称开沟镵。梢与脚为一体，是耧架的主要部件，大致与耧辕相接的上部为梢与把手，下部为耧脚以便安装耧铧。二脚耧有两个漏种管，三脚耧有三个漏种管。耧辕为两根，比较长，可直接套家畜。

图 1–18　山西朔州赵家口村农民使用的三脚耧车（关晓武摄）

构造中最为关键的部分是下种调节器，在这里进一步说明其构造与工作原理。下种调节器主要有三种形式，图 1–19 是第一种形式的耧车下种调

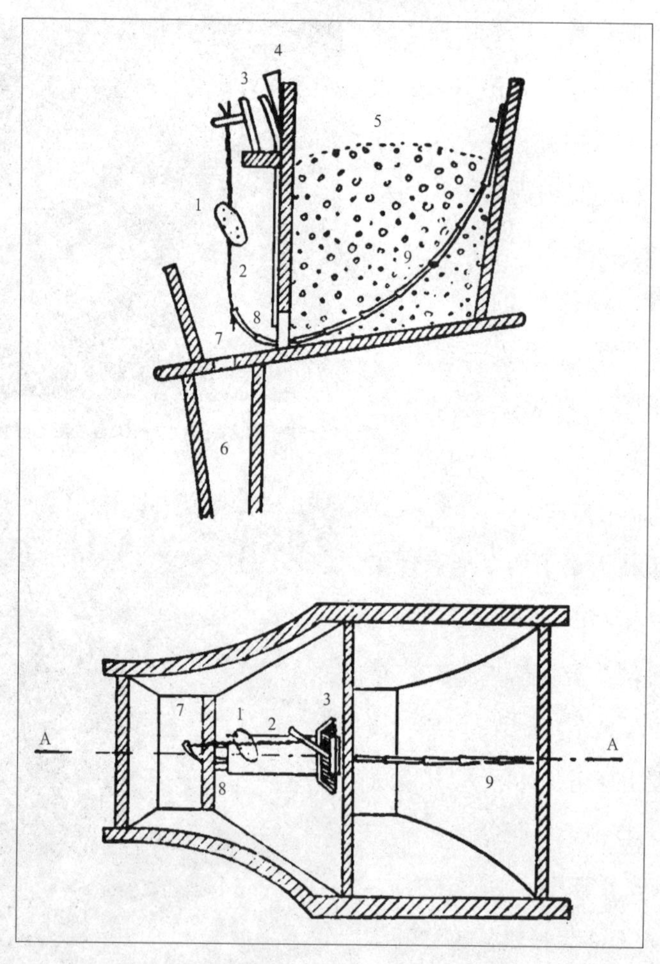

图 1–19 第一种形式的下种调节器构造示意图
1. 小重锤，2. 悬绳，3. 闸板，4. 楔子，5. 种子，6. 漏管，7. 分种室，8. 排出孔，9. 细竹条

节器，比较常见。[①] 它是在斗室后壁的中下部开一个种子排出孔，并在后壁的外侧安一可调节和启闭排出孔的闸板，闸板用楔子卡紧。当拔起楔子，闸板可根据需要上下移动，以改变排出孔的有效面积，起到控制子粒流出量的作用。种子从排出孔流出后，进入分种室的漏种管孔，漏种管一端与分种室连接，另一端与耧车的耧腿相通。种子通过漏种管和中空的耧腿播

① 秦含章：《农具》，商务印书馆，1951 年，第 108～110 页。

入土内。为了避免种粒在排出孔处堵塞，有一做成活动链的细竹条穿过该孔，细竹条一端固定在斗室内壁上方，另一端则系接在排出孔外的一悬绳上，使细竹条的下端在排出孔内自由摆动。悬绳上系有一小重锤（硬木块、铁块、铜锤、石块均可），也被称为耧蛋。播种时，耧左右晃动，悬重块也左右摆动，并带动细竹条在排出孔左右摇动，从而起到疏通种子的作用。这种调控装置十分简单，操作也比较方便。

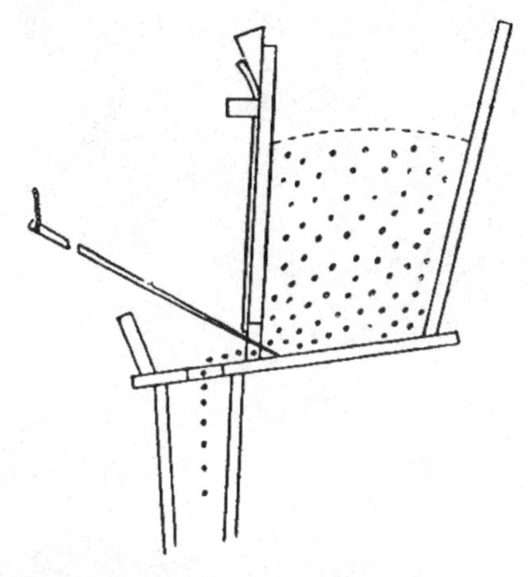
图 1–20　第二种形式的下种调节器构造示意图

第二种形式的下种调节器，构造如图 1–20 所示，调节、疏通要借助一细长木棒或铁条实现，其一端被削细，从排出孔斜插入斗室，抵于斗室的底板上，其粗的一端用绳索系于耧的把手上。播种时，耧左右晃动，稍加按动绳索，通过木棒或铁条的摆动使种子顺利通过排出孔。这是一种早期的下种调节装置，前面介绍的汉代三脚耧的复原模型采用的就是这样一种构造。

第三种形式的下种调节器，是一种改进形式的种粒流出调节装置。前面介绍的宣化县农民使用的耧车，采用的是这种形式的下种调节器（图 1–21）。为了清楚地说明其构造和工作原理，笔者绘制了这种调节器的构造示意图（图 1–22）。它在结构上的改进有两点。第一，装种的斗室与分种室的底部不在一个水平线上，装种室的高，分种室的低，两底部的高差达 10 多厘米。这样子粒从流出孔出来后有一个较大的落差，使子粒不易在出口处堵塞，提高了工作效率。而第一种形式的调节器，由于分种室底部与装种室底部是同一块底板，没有落差，只是因前高后低，有一个小的倾斜度，使种粒易于流动。第二，为了便于种粒顺利从装种室流出，同样配

图 1–21　河北宣化县耧车的下种调节器（冯立昇摄）

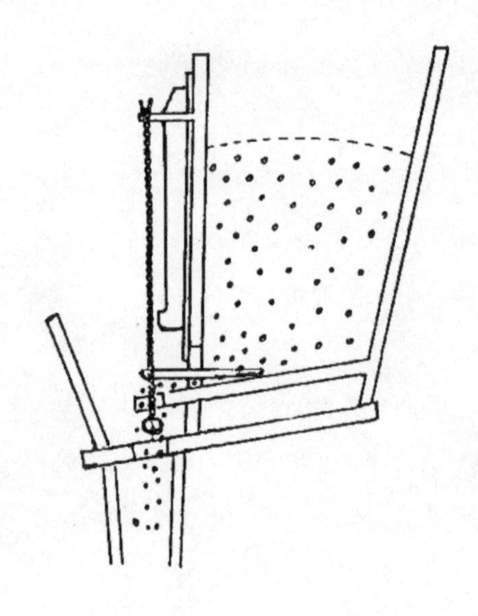
图 1–22　第三种形式的下种调节器构造示意图

置了一根细长铁棒，其一端通过排出孔插入固定在装种室底板上的 U 形环中（图 1–22、图 1–23）；为了使种粒能在分种室内均匀地分配给三个漏管，在装种室后壁的外侧，固定了一悬绳，悬绳与细长铁棒的另一端穿连后，其最下端再系一垂物（铁锤、铜锤或石锤），并将其置于种粒排出孔的下面。播种时，耧左右晃动，悬垂物也左右摆动，带动细长铁棒左右摆动，起到了疏通种子的作用，同时悬垂物在摆动中打击从排出孔中流出的种粒，使部分种粒向分种室的两边落下，保证了能均匀地向三个漏管输送种粒，从而达到均匀播种的效果。

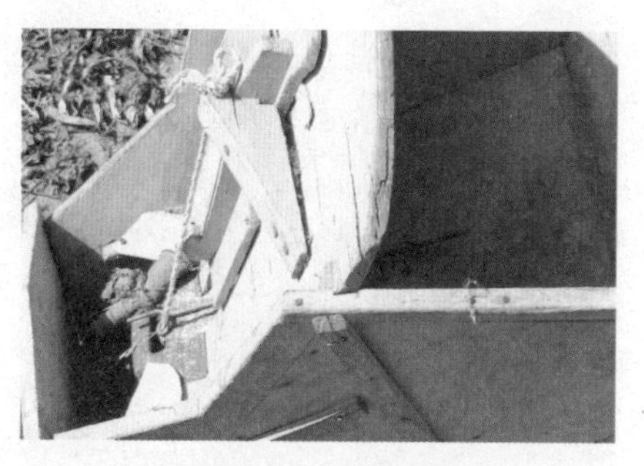
图 1–23 河北宣化县耧车下种调节器局部细节（冯立昇摄）

在装种室后壁的外侧安设一闸板与楔子。当拔起楔子，闸板可上下移动，从而改变流出孔的大小，以控制子粒的流出量。这一点与前面两种形式一致。可以说，第三种形式的下种调节器综合了前面两种下种调节器的优点，操作更为方便、有效。朔州赵家口村的耧车也采用的是这种形式的下种调节器（图 1–24）。

图 1–24 朔州赵家口耧车下种调节器局部细节（关晓武摄）

3. 耧的制作与使用

农村木匠制作耧车，与犁一样，也比较注重选材。耧架的各部件，如耧辕、耧梢等，多用槐木制作。耧斗用楸木制作，也可用槐木、椿木、柳木制作。播种的行距有一尺二寸、一尺、八寸和五寸等，耧因而有不同的尺寸规格，用料的尺寸选择也有所不同。

在制作程序上，一般先制作耧架的主体部件耧梢与耧脚，上、下横撑及耧辕等。如行距为一尺，耧腿（梢与脚）可采用下端 8 厘米 ×8 厘米、上端 5 厘米 ×5 厘米的方木制作，其大面朝里安置，长 80 ～ 110 厘米。在组装耧架前，在耧腿上应开好与横撑和耧盘装配卯口，凿、钻好与漏种管相配的斜卯口和下种孔，并裁好安耧铧的耧嘴。耧辕长 120 ～ 180 厘米，上开卯口，与耧盘前梁外端出榫配合，其长度和两辕的张开度要便于套入牲口。

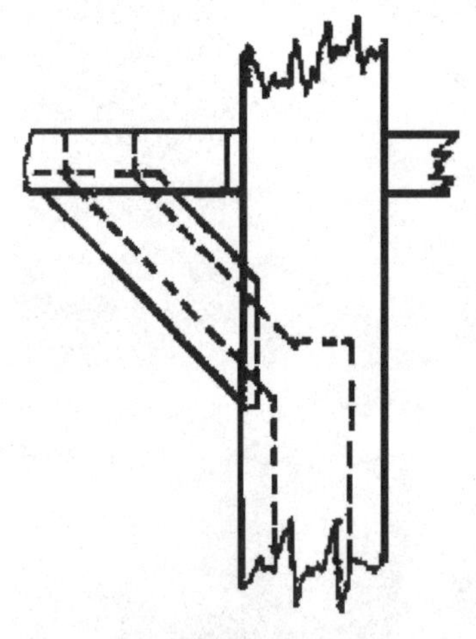
图 1–25 漏种管与耧底和耧腿的配合

其次要制作耧盘框和耧腿，用以安置耧斗及下种装置。耧盘框与耧腿榫接，装配时从耧腿上平行伸出。

再要制作的是耧斗、分种室、漏种管和下种调节装置的部件。斗室一般长 30 ~ 35 厘米、宽 40 ~ 45 厘米、高 25 ~ 30 厘米。下底的长为 15 ~ 20 厘米。斗室有大小之分，大一点的可装 50 ~ 60 斤种子，小一点的可装 40 ~ 50 斤种子。我们在张家口宣化县见到的耧车所装都是 50 ~ 60 斤的大斗室。据钱小康先生调查，陕西关中地区制作的耧斗一般装 45 斤左右的种子。[①] 耧斗被固定在耧底上，漏种管在宣化俗称黄瓜腿，被凿或钻成中空，安在耧底与耧腿之间，上与分种室底孔连接，下与耧腿中空部分相通（图 1–25）。传统的漏种管主要为木制，为了便于制作和安装，后来采用竹管、铁管和胶管的也不少。耧斗钉在耧底上，耧的外面前侧和左右两侧钉有多根压条，压条下端与耧底和耧盘前梁外卯合。耧底上凿有和分种室底孔相同大小和数量的孔，要与分种室、漏种管一起装配。

最后完成的是耧辕的安装。在耧车不使用时，为了节省空间、便于存放，一般多从耧车上拆下，再次使用时重新装上。安装耧辕（图 1–26），除辕上卯口与耧盘前梁外端出榫配合外，还需用绳索将其固定在耧盘上，辕的后端也用绳索与耧腿固定在一起。

耧铧一般套接在耧嘴上，也可用螺钉固定在耧嘴上。耧铧要由铁匠制作，与犁铧一样，多已专业化批量生产，因此尚有备件。

耧车的制作需要木匠有较高的技术水平才能胜任，除装配卯口多为斜卯加大了制作难度外，漏种管、耧腿的制作还要进行凿孔、钻孔作业。据

① 张柏春，张治中，冯立昇等著：《传统机械调查研究》，大象出版社，2006 年，见第一章第二节“耧”。

张家口宣化县的木匠宁大胜老人介绍，制作耧的漏种管时需要用到一种被称为“钮子”的专门工具，作用类似凿子。也可用长柄木钻钻孔，如钻的孔不够大，需用圆烙铁加粗。因此制作一架耧车所花费工时和人力要比制造一个犁多不少。

图1–26 宁大胜老人与黄兴安装耧辕的情形（冯立昇摄）

耧车可同时连续完成数垅开沟、播种的工作。如在耧车后面挂接劳木或劳石，还可以进行掩种和覆土。在通常情况下，可由一头家畜拖拉耧车，缺乏牲畜时也可改由人力拖拉。

耧车的使用也有较高的要求，技术熟练的农民才能胜任。在旱地播种时，要使种子入土较深，并使其受到轻度的镇压，操作者在行进时要利用脚步做初步的镇压工作，也可附加棍子，专门做播种后的镇压工作。耧车的使用中，一般耧铧磨损较快，在耧铧磨损至不能用时，要更换新的耧铧。其他部件使用时间相对较长，耧车的使用年限可达 10 至 30 年之久。

第二节　手工工具

一、斧

斧是一种尖劈状的砍伐器，它和凿都是最基本的手工工具，应用极为广泛。石斧（图 1–27）的历史可追溯到几十万年以前，后来还成为氏族首领权力的象征。俟后以玉制作，便演化为酋长或部落联盟首领执掌的王权象征物，或称作钺。

铜斧（图 1–28）始见于齐家文化时期。初始是空首斧（直銎斧），东

图1-27　穿孔石斧，大汶口文化，山东泰安出土（引自宋树友主编《中华农器》第一卷图1.1.1.14）

图 1-28　铜斧，湖北大冶铜绿山遗址出土（引自宋树友主编《中华农器》第一卷图 2.1.1.3）

周又出现了横銎斧（穿肩斧）。斧、锛等器，战国两汉时期多由生铁铸就再作锻化处理，唐宋之后改为锻制（图 1–29）。

晋代以后，斧钺的刃部加宽，柄缩短，便于操持，砍杀能力有所提高。

唐宋时期军士常持长斧作战。宋曾公亮《武经总要》载有大斧、凤头斧，都是隋唐遗制。

二、凿

最早的凿以铜制作，始见于齐家文化时期。从刃部形态看，截至商周至少有五种类型，即单面刃、双面刃、圆刃、宽刃、窄刃。圆刃是为穿凿圆孔，至迟见于战国时期。后凿身以钢制成，木柄插入凿的圆锥形孔中（图 1–30）。对于木匠而言，凿是必不可少的工具。

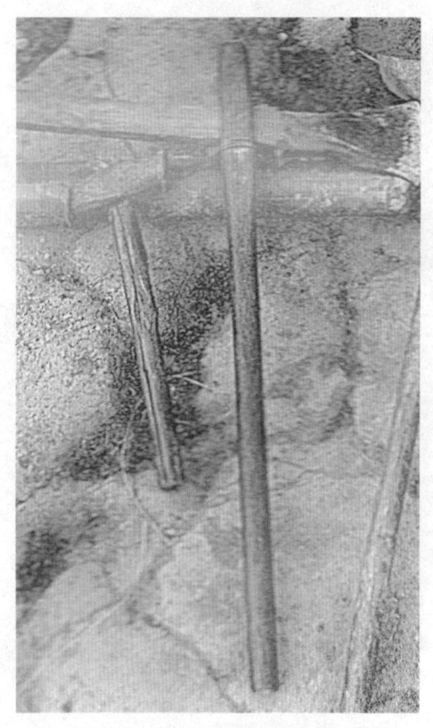

图 1–29　长十字柄斧，云南澜沧县使用（引自宋树友主编《中华农器》第一卷图 2.1.1.14）

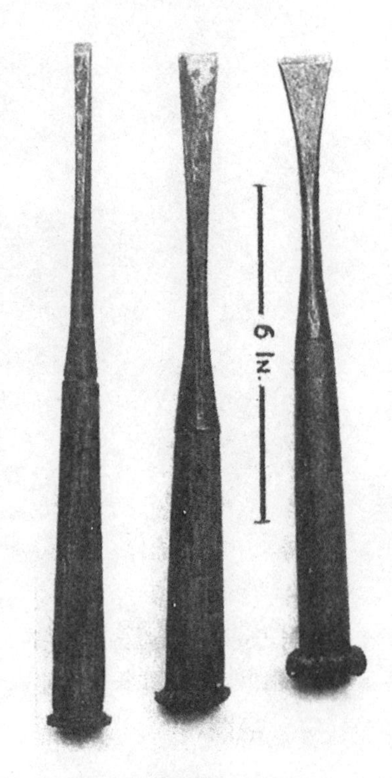

图 1–30　凿（引自［美］霍梅尔（Rudolf P.Hommel）著，戴吾三等译《手艺中国：中国手工业调查图录》图 370）

三、钻[①]

新石器时期已掌握了凿琢法、实心钻法和管钻法等不同的钻孔技术。在距今8000年左右的辽西兴隆洼文化时期已采用凿琢法和实心钻法。红山文化和良渚文化时期管钻法得到普遍采用。

图1–31　反山14号墓出土的玉卯孔端饰

管钻工具实物虽至今未被发现，但从出土新石器时代玉器的一些通孔、圆形或宽扁的未透卯眼来看，有不少应是用管钻工具加工而成。浙江余杭反山遗址出土的玉卯孔端饰，孔壁较垂直，端面大且弧凸，外壁内凹，有明显的台阶痕（图1–31），孔内还留有一小段钻芯[②]，使用的应系单面管钻法。但良渚文化玉器更多采用的是对钻法，在孔内往往会出现错位的台阶痕[③]（图1–32）；在玉芯上也会显现出台阶痕，如浙江瓶窑出土的良渚文化玉琮芯[④]（图1–33）所示。

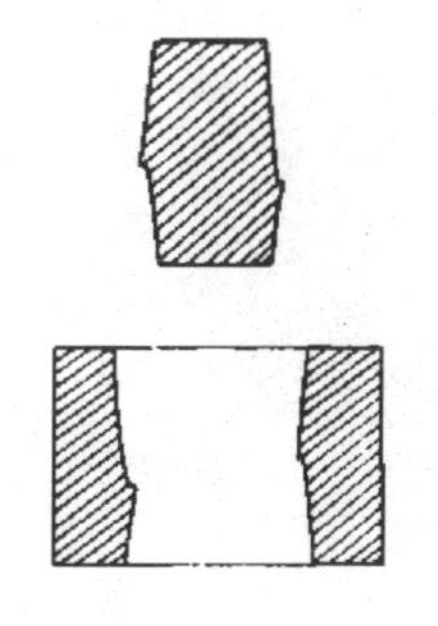

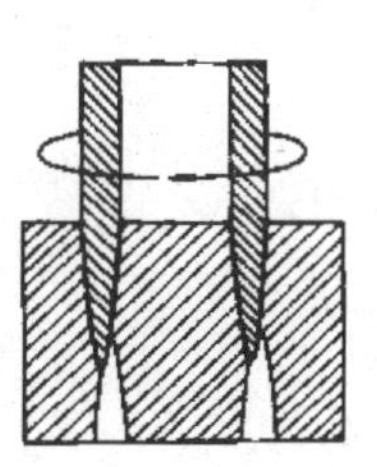

图1–32 对钻管钻示意图

① 冯立昇:《轮轴及相关机械装置在中国的起源与早期应用》,《澳门黑沙史前轮轴机械国际会议论文集》,澳门特别行政区民政总署文化康体部制作出版，2014年，第93～96页。

② 浙江省文物考古研究所：《良渚遗址群考古报告之二：反山》，文物出版社，2005年，第185页，彩版500。

③ 邓淑苹，沈建东:《中国史前玉雕工艺解析》，见杨伯达:《中国玉文化、玉学论丛四编》，紫禁城出版社，2007年，第1047页。

④ 良渚文化博物馆，香港中文大学文物馆编:《东方文明之光——良渚文化玉器》，香港中文大学出版社，1998年，第71页。

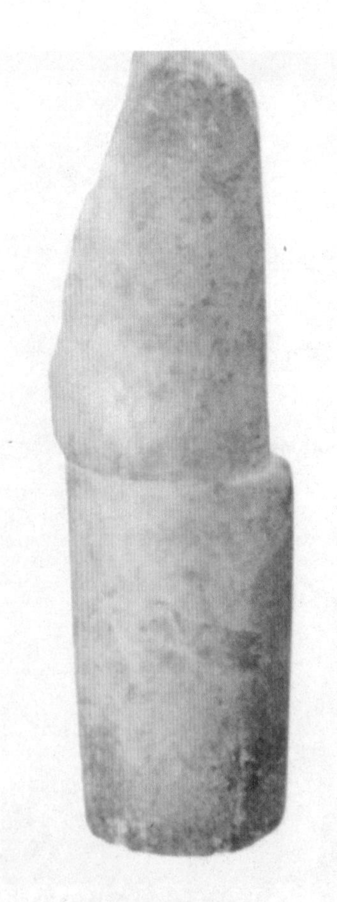

图 1–33 良渚文化玉琮芯

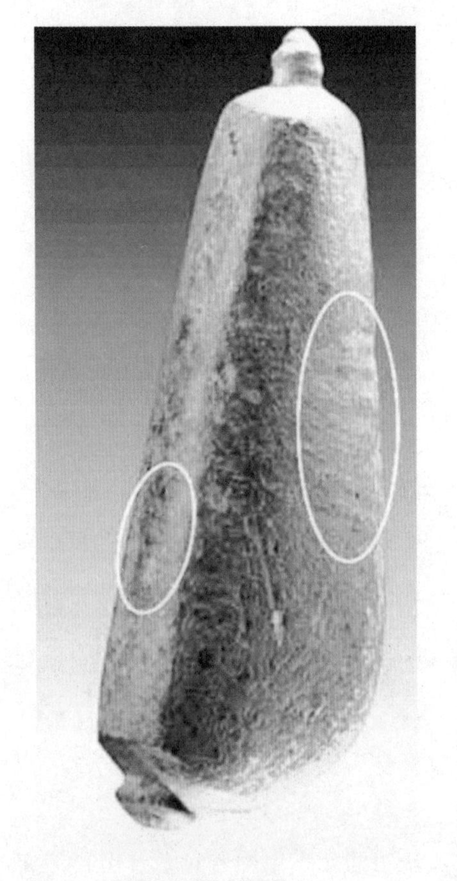

图 1–34 凌家滩文化遗址出土石钻头

实心钻石质钻头实物出土较多，如江苏丹徒县磨盘墩良渚文化遗址出土的石钻头有 422 件，均由黑色燧石（黑石英）制成，硬度很高，适合加工玉石[①]。在凌家滩文化遗址出土的一件石钻头（图 1–34），通长 6.3 厘米，为岩屑砂岩，呈不规则梯形状，两端各有一粗细不同的螺丝钻头，均有使用痕迹，粗钻头已被磨平，器柄一面有一组凹槽，为磨损痕迹[②]。

实心钻法可以手握石钻头直接钻孔，也可以将钻头固连在木杆上。后者又称杆钻，在新石器时代应已出现。

① 陈淳，张祖方：《磨盘墩石钻研究》，《东南文化》，1986 年，第 1 期。

② 安徽省文物考古研究所编：《凌家滩玉器》，文物出版社，2000 年，第 120 页：图 36。

图 1–35 船工所用的传统拉钻

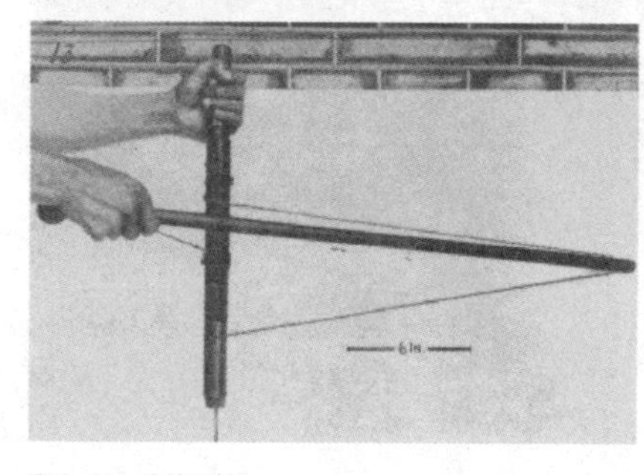

图 1–36 传统弓钻

古代杆钻有三种形式：

（1）由两人操作的拉钻，一人两手分别握住绕在钻轴杆上的绳或皮条的两端更迭牵拉，另一人扶压钻身，配合完成钻孔作业。图 1–35 所示是 20 世纪 20 年代霍梅尔拍摄的造船工使用的拉钻①。

（2）弓钻，钻头上端做成可以自由旋转的套管，钻身缠绕皮索，绳带两头用木条或木棒连接起来，类似弓与弦一样。按住钻具顶端，一手拉动皮索，钻头便可下钻，实现更为连续的传动。1976 年在河北省磁县南开河村出土的元代木船上发现木钻 2 件②，从发掘简报的描述来看这两件木钻显然就是弓钻。图 1–36 是霍梅尔 20 世纪 20 年代在中国拍摄的一种弓钻的照片。

（3）舞钻，钻杆上端装一钻陀，下端接钻头，以一钻扁担套入钻杆；取绳索穿过钻杆顶端圆孔，分别系于钻扁担的两端。使用时，先令钻陀旋转数周，绳索绕于钻杆上，然后间断按压钻扁担，钻杆左右旋转，便可使钻头钻入工件。台湾“故宫博物院”珍藏宋苏汉臣《货郎图》一幅，图上有锛、斧、墨斗、曲尺、刨等手工工具，值得注意的是其中还有一舞钻（图 1–37）③。

---

① R. P. Hommel.*CHINA AT WORK, an Illustrated Record of the Primitive Industries of China's Masses, whose Life is Toil, and thus an Account of Chinese Civilization*, 1937, the John Day Company, New York, pp245–247.

② 磁县文化馆：《河北磁县南开河村元代木船发掘简报》，《考古》，1978 年第 2 期。

③ 马晋封：《苏汉臣货郎图》，台湾《故宫文物月刊》，1984 年，第 1 卷第 11 期。

图 1–37 宋代苏汉臣《货郎图》所绘舞钻等工具

四、锯

锯初为石、蚌质，后为青铜、钢质。石锯、蚌锯皆始见于新石器时代。青铜锯始见于商代中期，湖北黄陂盘龙城李家嘴、河北满城台西村等地都有出土，流行于春秋战国。民间传说鲁班为锯的始创者是没有根据的。依照外形和把持方式之不同，铜锯可分为后背刀形锯、环首削形锯、木柄夹背锯、夹腰双刃锯，此外很可能还有一种弓架锯。前四者只能锯割浅槽和厚度不大的物件，后者性能与后世弓架锯相近。四川省博物馆珍藏一战国锯片，完整的一端有一小孔，可能是用来固定锯条的。若两端都有小孔，便可能是弓架锯。与钢锯相比较，铜锯的强度和硬度较低，锯条不能做得太长太宽。

钢锯始见于战国晚期，汉后逐渐推广。和现在所用类似的“工”字形框架锯（图 1–38），始见于宋代《清明上河图》。《天工开物》“锤锻”锯条简要介绍了“工”字形框架锯的结构和制作过程。主要特点是“两头

图 1–38　锯（引自［美］霍梅尔（Rudolf.P.Hommel）著，戴吾三等译《手艺中国：中国手工业调查图录》图 333）

衔木为梁，纠篾张开，促紧使直”。锯条绷得直且紧，框架可做得较大，吃进时锯条受锯背的干扰较少，可加工粗长的木材。

五、刨子

最早的平木工具是单面刃的锛。刨较锛后起，据文献推测可能出现在汉唐时期。最早的文献描述见于明万历刊本《鲁班经匠家镜》，《天工开物》“锤锻”刨条描述了刨的制作和使用方法，与现在木工用刨（图 1–39）大体相同。

六、规矩绳墨

《史记•夏本纪》记载，夏禹治水时“左准绳，右规矩，载四时，以开九州，通九道，陂九泽，度九山”。《淮南子》称禹令大臣太章、竖亥以步为单位测量距离，以规画圆、以矩作方、以准定平、以绳量长。商周时期规、矩、准、绳已被广泛应用于青铜器和车辆的制作以及建筑的施工。先秦诸子书时常提到并推崇它们的作用，如《孟子 • 离娄上》曰“不以规矩，无以成方圆”等。

迄今见到的最早量长工具是殷墟出土的商代骨尺和牙尺。秦始皇统一

图 1–39 木工刨子（关晓武摄）

中国后，以秦旧制为标准，由商鞅方升实测推算，秦制一尺合今 23.2 厘米左右。汉承秦制，尺长在 23 ~ 23.7 厘米之间。东汉尺以几何纹、鸟兽纹纹饰分隔寸格，有鎏金铜尺、彩绘骨尺、龙凤纹铜尺、竹尺、木尺等。魏晋尺长增至约 24.5 厘米。南朝沿用秦汉旧制，量值略增，约 25 厘米。北朝尺度增大，约 29 厘米。隋代以北朝旧制统一度量衡。唐承隋制，每尺长约 30 厘米，常以镂刻精美的牙尺和紫檀尺赠给王公大臣和各国使节。北宋一尺长约 31.6 厘米。明清一尺长为 32 厘米，民国一尺长为 33.3 厘米。

规是作圆和测量圆度的工具，其工作原理和现代圆规相同而结构稍异。早期规的形状或如山东济宁武梁祠东汉画像石女娲手执之器。由于有辐车轮和磬件的制作引入角度和分度，因而产生了度量角度的计量单位和工具。矩是测量直角的工具，与现代木工所用直角尺（图 1–40）无异。

墨斗（图 1–41）是传统木工行业的弹线工具，墨池内有墨水浸泡的棉线，常用于下料放线，也可做测量垂直的吊线。过去木匠学徒一定要先学会制作工具，学会了工具的制作、使用和“收拾”，也就掌握了木工的基本操

图 1-40　直角尺（引自 [美] 霍梅尔（Rudolf P. Hommel）著，戴吾三等译《手艺中国：中国手工业调查图录》图 378）

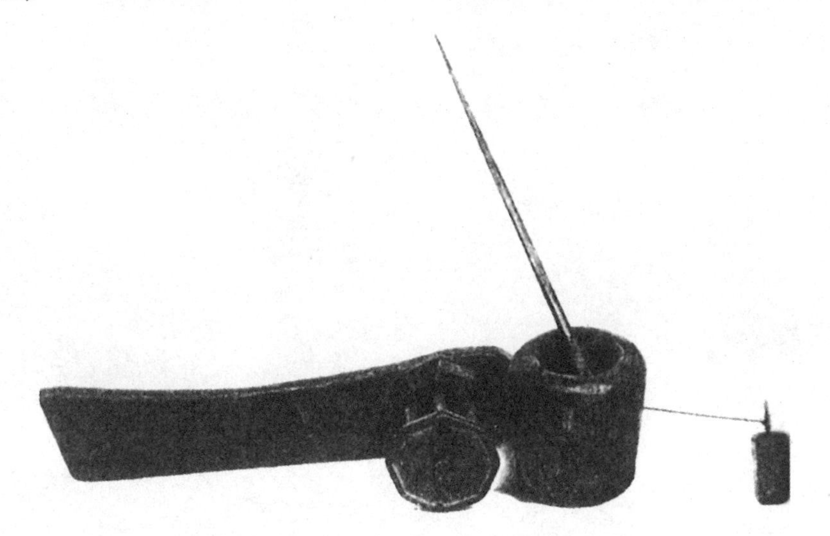

图 1-41　墨斗（引自 [美] 霍梅尔（Rudolf P. Hommel）著，戴吾三等译《手艺中国：中国手工业调查图录》图 372）

作方法。学徒出师的考核不是打造家具，而是自行设计制作一件木工工具，常常是一个墨斗，以结构合理、造型美、做工精者为上。也可能仅因墨斗做不好，师傅瞧不上，做不了“细木匠”，只能当“糙木匠”了。

规矩绳墨是最原始也是最基本的测量工具，斧凿钻锯是最原始也是最基本的手工工具，耒耜镰犁是最原始也是最基本的耕作农具，人类的文明是从这些工具、农具、用具的发明和使用起始的，这些器具至今仍在生产和生活中广为应用。我们应从这一层面认知它们的价值和重要性。

第三节　简单机械

一、桔槔

桔槔《墨子·备城门》中作“颉皋”，是利用杠杆原理的取水机械，早在春秋时期已普遍使用。它和辘轳是中国农村通用的提水灌溉器具。《庄子·天地》对桔槔的功效有很具体的描述，山东嘉祥县汉武梁祠画像石（刻于 147 年）有桔槔图（图 1–42），《天工开物》有用坠石作平衡重的桔槔

图 1–42　东汉桔槔画像石摹本，山东嘉祥武梁祠石刻（引自宋树友主编《中国农器》第一卷图 2.5.1.3）

形象。

二、辘轳

辘轳可用作汲水工具，相传由西周初的史官史佚发明。春秋时期辘轳已颇为流行。北方缺水地区小片土地的灌溉主要是靠辘轳。地下水很深的山区，现仍用辘轳从深井中提水。

图1–43　双辘轳模型，河南偃师东汉遗址出土（引自宋树友主编《中国农器》第一卷图2.5.2.2）

春秋战国时还用辘轳从竖井中提升铜矿石，如湖北铜绿山古铜矿遗址就出土有木制辘轳轴两根。井辘轳（图 1- 43），较早见于南唐李璟（916—961）《应天长》词：“柳堤芳草径，梦断辘轳金井。”元王祯《农书》和明宋应星《天工开物》绘有井辘轳图。前者还描述了一种复式辘轳：绕在轴筒上的绳子两端各系一个容器，“顺逆交转，所悬之器虚者下，盈者上，更相上下，次第不辍，见功甚速”。这种装置可省去空容器的行程时间，空容器的重量也起一定的平衡作用。早期的辘轳实际是一种定滑轮机构。人们熟知的手摇式辘轳出现于何时尚无定论，其最早形象资料见于山西绛县裴家堡金墓壁画。

三、滑轮

滑轮属杠杆类简单机械，在《墨经》中有记载。定滑轮不省力但可以改变力的方向，动滑轮能省一半力，但不改变力的方向。实际应用中，常把一定数量的动滑轮和定滑轮组合成各种形式的滑轮组，既省力又能改变力的方向。

从战国始，滑轮广泛应用于作战器械和提水提卤。汉画像砖和画像石可见滑轮装置形象，《天工开物》有多幅插图描绘了滑轮用于转绳汲井、放桶下井、汲卤至高架等。

四、弓

弓是利用弹力的远射兵器，弓体轻，携带和使用都很方便。早期的弓用弹丸射击，称为弹弓（图 1- 44），以后发展为用箭。山西朔县峙峪旧石器时代遗址出土一枚用燧石薄片制作的石镞，说明弓箭的使用至少可追溯到距今 2.8 万年前，比文献记载更早。原始弓只是用单根有弹性的木材或竹片弯曲而成。殷墟商墓发现的弓，留有铜弭及弓形器。从保留的灰痕结合甲骨文、金文有关弓的形象，可推知弓柎向射手一侧凹入，在形制上有

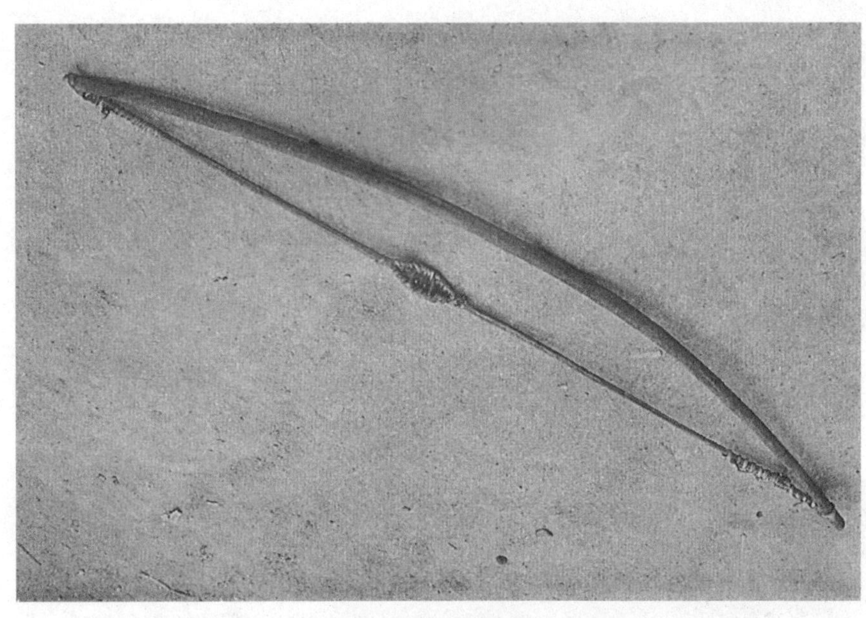

图 1-44 华南地区猎人使用的竹弹弓（引自宋树友主编《中华农器》第一卷附图 1.5.3.11）

了很大改进。春秋战国时弓箭已普遍使用，长沙楚墓出土的复合弓，与《考工记·弓人》所载制弓技术相符。战国以后，弓的形制没有多大变化，但材料选择与制造工艺有改进。

图 1-45 杨福喜在作坊制作弓（引自百度百科词条“聚元号弓箭制作技艺”）

传统复合弓制作技艺现仍有传承，北京聚元号、新疆锡伯族制弓和内蒙古牛角弓制作技艺皆列入了国家非物质文化遗产项目名录。

聚元号的前身属清朝皇家专设的弓坊，位于北京东四弓箭大院。1998年，其第九代传人杨文通重兴旧业，现技艺传承人为其子杨福喜，其弓箭制作技艺（图 1–45）承袭了中国双曲反弯复合弓的优良传统，弓的主体内胎为竹，外贴牛角，内贴牛筋，两端安装木质销。制作过程由成弓的“白活”和装饰的“画活”组成。弓弦多用棉线制作。制箭步骤包括调杆、打皮、刮杆、安装箭头和尾羽等。聚元号制作弓箭所用原料、工具、技法与《考工记》《梦溪笔谈》《天工开物》所载相近，2006年入选第一批国家非物质文化遗产项目名录。

五、弩

弩是古代重要的远程武器，根据庙底沟仰韶文化的骨匕、徐州高皇庙文化的有孔蚌饰，其起源可追溯到原始社会晚期。弩的射出可分为两个独立的动作，先张弦装箭储蓄动能，再俟机瞄准和发射。射手可借助脚踏、车绞等方式张弦，因此具有更大的弹射力和更远的射程，命中率高，利于齐射，杀伤力大。

图1-46　铜弩机，战国，现藏中国国家博物馆（引自《中国古代科技文物展》图10-3）

弩由可延时发射的张弦机构（弩臂和弩机）及弓组成。弩机（图 1–46）由望山（瞄准器）、悬刀（扳机）、勾心（或称牛）、联动机构、两个键或栓及连接件组成，最早实物出土于山东曲阜鲁国故城，为战国早期之器。

汉对弩的改进，主要是增加了郭，使弩机装配更为严密，弩臂能承受更大的张力；望山增高，弧曲侧边改为直面，又刻出度线，使瞄准更加精确。汉以后，出现用脚或腰带挂钩辅助张弦的蹶张弩、腰开弩，弩射强度不断增加。

三国和西晋沿袭汉制，仍大量用弩。西晋亡，中原地区为北方游牧民族控制，骑射风盛，很少用弩。东晋和南朝，弩仍有较多的使用；大型弩迅速发展，出现了“神弩”“万钧神弩”等。南京秦淮河发现的南朝铜弩机，郭长 39 厘米，据推算，弓长达 4 米许，弩臂长当在 2 米左右，因此只能是安装在架上使用的床弩。

唐宋时期，单兵弩、大型弩类型很多，威力很强。但随着铁甲胄防护能力的提高，单兵弩的远程杀伤优势降低。明清时期中原受南方和西南少数民族的影响，此时火器已普遍装备军队，弩多用来自卫或射猎。

第二章

机械

第一节　切削加工机械

一、砣

用于治玉的轮轴机构（图2–1），可能出现于新石器时代早期。辽河流域的兴隆洼文化，黄河中下游的裴李岗文化、大汶口文化，长江下游的河姆渡遗址，以及年代稍后的马家浜文化都有玉器出土，到红山文化、龙山文化、良渚文化时期已发展相当繁荣。早期治玉主要是磨光和饰以简单纹饰。龙山、良渚文化时期，切割、弦纹阴刻、钻孔、镂空、浮雕等技艺已运用自如。之后，历代又有不少改进和发展。后世的治玉方法是利用转动的砣具黏带解玉砂，以磨蚀的方式加工玉材，即琢玉。有人认为，在商代或早在良渚文化时期已发明多种砣具。原始砣具和扩孔机床的形态，在明代才有记载。《天工开物》“珠玉”条：“凡玉初剖时，冶铁为圆盘，以盆水盛沙，足踏圆盘使转，添沙剖玉，逐忽划断。”其中谈到的圆盘即与砣相当。明代琢玉车的基本结构是：长方形木架上支一横轴，横轴正中贯一铁质圆盘，圆盘两侧的横轴用皮条反向各绕数圈，其下与踏板相连。左、右脚分别踏动踏板，圆盘便可黏砂来回转动。砣具应包括刻细纹、减地、磨光、镂空等用途不同、形式各异的砣头。

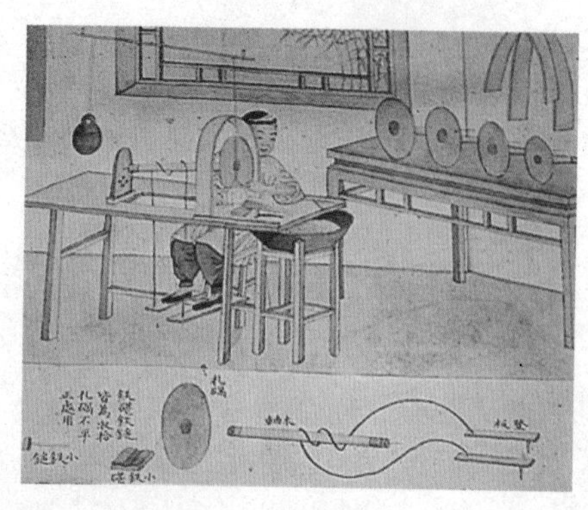

图 2–1　琢玉图（引自中国文物网）

二、旋床

曲面上的车削加工称为旋，发明于先秦时期，最初用于木器，后来才用于金属器。西安南郊何家村出土的盘、碗、盒等金银器表面有车削加工纹路，螺纹、起刀和落刀点均清晰可辨。小金盒螺纹同心度很高，纹路细密，子扣锥面加工，子母扣接触紧密，各种加工件很少有轴心摆动现象。湖北江陵雨台山楚墓出土的漆木器，制作方法有斫制、旋制、雕刻三种。圆盒、卮、樽等器外表为旋制，器内斫制。《齐民要术》关于旋制木器的记载也是较早的，榆“五年之后便堪作椽……旋作独乐”。“独乐”即陀螺。明焦勖《火攻挈要》载：“造作铳模诸法”，“用乾久楠木或杉木，照本铳体式，旋成铳模”。

金属器的旋削始见于汉，河南南阳出土的汉代铜舟，外表面呈细密均匀的螺旋状旋纹，西安何家村出土的唐代金银器也有一部分是旋削加工的。《宋会要辑稿》“职官”条下载，内寺省下后苑造作所辖81作，其中有“旋作”。《明史・食货志》称“时所铸钱有金背、有火漆、有旋边。议者以铸钱艰难，工匠劳费，革旋车，用炉锡”。“旋车”是用于钱币旋削加工的。

现在仍有一些地方使用旋床（图2–2）制作木制玩具。河南浚县木制

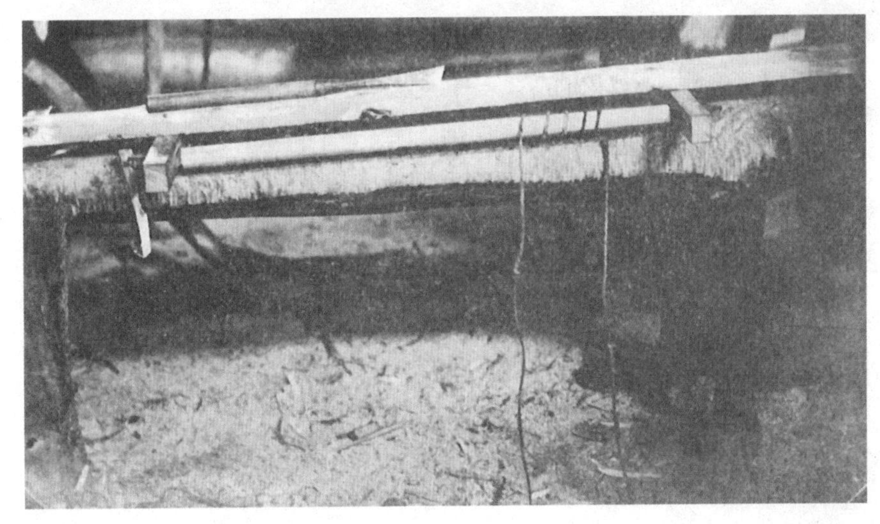

图2–2　木工旋床（引自[美]霍梅尔（Rudolf P. Hommel）著，戴吾三等译《手艺中国：中国手工业调查图录》图377）

玩具集中于黎阳镇杨纪屯村，一般是利用废料、碎料，价格便宜，成本很低。老艺人王民德传承祖上手艺，几代人都做木旋玩具，用旋床旋外表使成圆形、表面光滑，挖内膛，使之空心，再把部件组合安装。

第二节　农用机械

一、翻车

1. 引言

龙骨水车又称翻车，是以链传动方式将低处的水提升到高处，可用于灌溉和排水。它是中国古代农业生产中应用最广、效果最好的灌溉机械，由于可以连续提水，较桔槔和辘轳工作效率有很大提高。除农业排灌外，龙骨水车还用于制盐等行业。

东汉毕岚是龙骨水车的主要创制者。《后汉书》记载：中平三年（186年）“又使掖庭令毕岚铸铜人四……又作翻车、渴乌，施于桥西，用洒南北郊路，以省百姓洒道之费”[①]。三国时期的能工巧匠马钧对翻车作了重大革新，使其成为农业排灌的高效工具。据《三国志·方技传·杜夔传》注称：“时有扶风马钧，巧思绝世，傅玄序之曰：马先生，天下之名巧也。”他改进的龙骨水车，“灌水自覆，更入更出”，可连续不断地提水，效率比其他提水工具高得多，并且运转轻快省力。此后，翻车在民间得到推广，并沿用至今。在近代水泵发明之前，它一直是世界上最先进的提水工具之一。

隋唐时期，又发明了牛转翻车、脚踏翻车。牛转翻车在唐代绘画中已有反映，它以牛为动力，采用了齿轮传动。宋元时期又发明了水转翻车（图2–3）。

① 《后汉书》“宦者·张让传”。

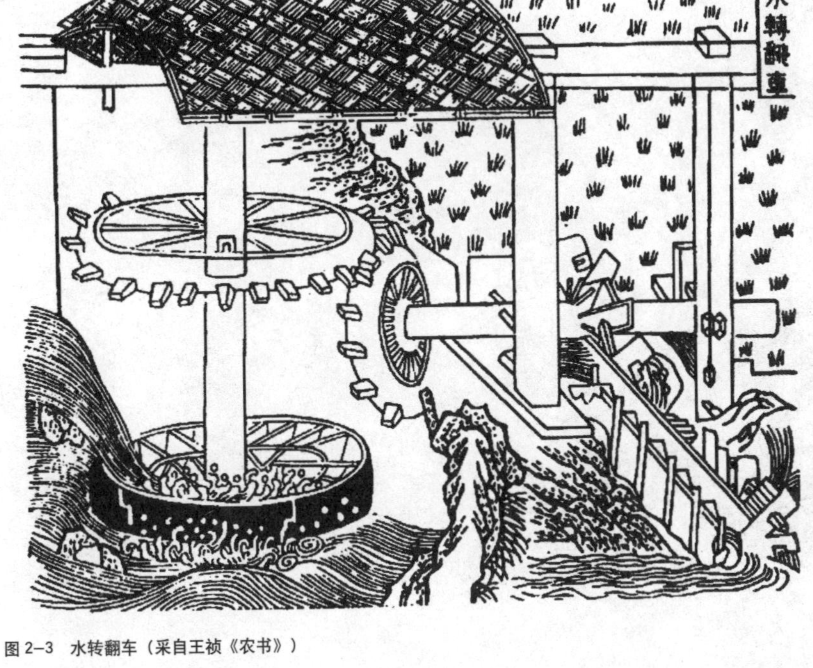

图 2–3　水转翻车（采自王祯《农书》）

明代以来风力翻车开始在南北各地得到推广，明徐光启《农政全书》卷十六载，“近河南及真定诸府，大作井以灌田”，“高山旷野或用风轮也”。《天工开物》卷一记载了江淮地区使用风力水车的情况：“杨郡（今江苏省扬州、泰州、江都等地）以风帆数扇，俟风转车，风息则止。”用其驱动翻车“去泽水以便栽种”。明代童冀的《水车行》卷三对湖南零陵使用风力翻车的情景有生动的描述。在 19 世纪后期和 20 世纪前半叶，传统的龙骨水车在生产和日常生活中一直发挥着重要作用。

2. 龙骨水车的类型和构造原理

龙骨车包括手摇龙骨车、脚踏龙骨车（图 2–4）、牛转龙骨车、风力龙骨车和水力龙骨车等不同类型，因地势、水源和经济条件的不同，用户可选择不同的类型。因动力方式的不同，龙骨水车有人力手摇或脚踏的，有畜力（牛）拖动的，有用风车带动的，现代还有用内燃机或电动机驱动的，也要视具体条件做出选择。

图 2-4　四人踏动的龙骨车

手摇式的，车槽短小，其横轮轴装于车槽前端，轮轴两端各装曲柄把手，使用时以手持把手旋转，戽水板即随轮轴转动，刮水沿槽而上，流入田中。由于手摇水车便于搬移，适宜于小面积的灌溉。直到20世纪六七十年代仍然有较多的使用（图 2-5）。[①]

图 2-5　手摇龙骨车使用情景

脚踏式的龙骨车车槽长而大，其前横轮轴较长，可容二人至四人，长江流域某些地区的大水车，可容六或八人，轮轴周围装有木椎，以便脚

① *Water-lifting devices in China*，edited and printed by the Exhibition Photo Press under the Ministry of Water Conservancy。

踏木椎，使轮轴转动。车前后面另有横木架，使用时人站伏或坐架上，踏动木椎，转动轮轴，从而拨动龙骨板，戽水上升。笔者在 2006 年 12 月初访问湖北宜昌土城乡车溪民俗旅游区时曾试操作过所展示的各种龙骨水车。图 2–6 是当时在车溪土家族自治村所拍的脚踏龙骨车照片，它较清楚地反映了脚踏龙骨车的主要构造。

图 2–6　湖北宜昌土城乡车溪土家族自治村的脚踏龙骨车

畜力龙骨车车槽较长，使用时以役畜系于横大轮盘上旋转，带动车前的轮轴，而转动龙骨板，戽水上升。牛车有固定与移动的两种，固定的建有草亭遮盖，移动的则装置露天，随时搬动。图 2–7 为江苏吴县使用的移动式牛转翻车。[①]

图 2–7　江苏吴县的移动式牛转翻车

龙骨水车流传到现在，其基本结构并无大的变化，零部件也仍为木制，因此将文献记载和现代翻车加以对照可以说明其构造原理。翻车主要由车身（车筒）、车轴、链轮和龙骨等部件组成。从车身以木板制成长槽，中架置行道板，两头较槽稍短。槽的前端安轮轴，上装转拨链齿轮。槽的尾端入水部分中，装拨水

① 徐艺乙主编：《中国民间美术全集·器用编·工具篇》，山东教育出版社、山东友谊出版社，1994 年，第 59 页。

小链轮。小链轮都有六齿或八齿，大链轮有更多的齿。环绕两链轮架设木链条（即龙骨）一周，形成闭合环链，其上装有许多板叶，作为刮水板。当人力、畜力、风力或水力装置驱动上面轮轴旋转时，大链轮便转动并带动整个木链条和刮水板循环运转，使水不断被刮入槽内，并沿槽上升流入田间。20世纪中叶以来使用的翻车，与古文献记载的脚踏翻车结构基本相同，改进之处主要是长槽演变为封闭式长箱（即车筒）。

龙骨车能做到连续的液体或物料输送，其原理实质上与刮板式输送机相同，它主要是借助链传动来实现运动和动力的传递，从而达到提水的目的。就传动机构而言，它的链条（龙骨）与链轮（大轮、小轮）的啮合，不是通过链孔，而是通过链节（龙骨节）上的凹槽与轮齿的配合，有别于现代链条。这种啮合方式不降低链节的强度，简化了结构和制作方法，适合于木制零件的特点。

3. 龙骨水车的制作

制作龙骨水车，首先要解决的是选材问题。由于水车长期与水接触，又常受到日光曝晒，所以一般用质轻而又耐腐蚀的木材制造，如杉木、楮木、红松等，也可用马尾松制造，但马尾松易腐烂，梧桐树耐腐蚀，但分量较重。清代文献称“杉、楮作筒，檀作轴”①。车身的部件多用同样木材制造，可以用柏木、苦楝木等制作。总之，满足上述性能的木材也都可代用。

龙骨水车的主要构件包括车身、车轴、链轮和龙骨等，下面简要介绍其制作工艺与方法。

(1) 车身。车身包括车槽、车管脚、横档（托杆）、行道板（顺水板）、扶栏等构件。车槽是输送水流的通道，由两墙板和底板用楔钉紧密连接而成，使其不漏水。墙板两边安装有20余副车管脚，车管脚是一系列连接立杆，可以有多有少。车管脚顶端与两长扶栏连接，每副车管脚之间安装有横档，

① 清华大学图书馆科技史研究组：《中国科技史资料选编——农业机械》，清华大学出版社，1985年，第193页。

横档上面搁置行道板，是刮水板回程滑行的依托。顺水板可用竹片制成，要比较光滑耐用，也可用木板制作，木制顺水板两头宽、中间狭。竹制的也可用小竹管一剖为二，分钉在横档两头，中间留出空当，用铁钉固定。

由于是敞口车槽，如车身倾角稍大一些，车水时漏水较多，影响效率，因此扬程也较低，还容易损坏刮水板。为了解决这方面存在的问题，20 世纪 50 年代许多地方将车槽改为封闭式车筒，并将几十个刮水板改成方形皮钱。这样，原来的刮水提升被改为吸水提升，从而减少了漏水损失，而且皮钱也较木刮水板经久耐用。

车身尺寸规格的确定与提水高度有关，表 2–1 是 20 世纪 50 年代脚踏龙骨水车的尺寸规格，可以大致反映车身长度和车筒口径与提水高度的变化关系。

表 2–1　脚踏龙骨水车的尺寸规格

提水高度（市尺）	车筒的长度（市尺）	车筒口径（市尺）
2～3	7	0. 45 × 0. 45
3～4	8	0.4 × 0.4
4～5	10	0.38 × 0.38
5～6	12	0.36 × 0.36
7～8	15	0.32 × 0.32

（2）动力轮轴和链轮。轮轴和链轮都是传力的部件，且经受扭力，所以要选用木质细密坚韧的木料制作，如杉木、柏木、樟木、桑木等，选用的木料要求挺直，少节疤。链轮与动力轮轴及轮齿与链轮都是方榫接合。轮轴为圆轴，两端都有轴座，靠近轴承部分直径较小，或在两端各加铁箍，并各贯入铁芯一根，与支架上轴座相配合。因动力不同，手摇、脚踏、牛转、风力和水力等不同类型的龙骨水车，动力轴轮在构造上有所不同。手摇者轴很短；脚踏者较长，且要在轴上安装 2~8 个踏椎（拐木），供 2~8 人同时踏动；牛转、风力和水力转动者，则需在轮轴上加传送动力的齿轮，因

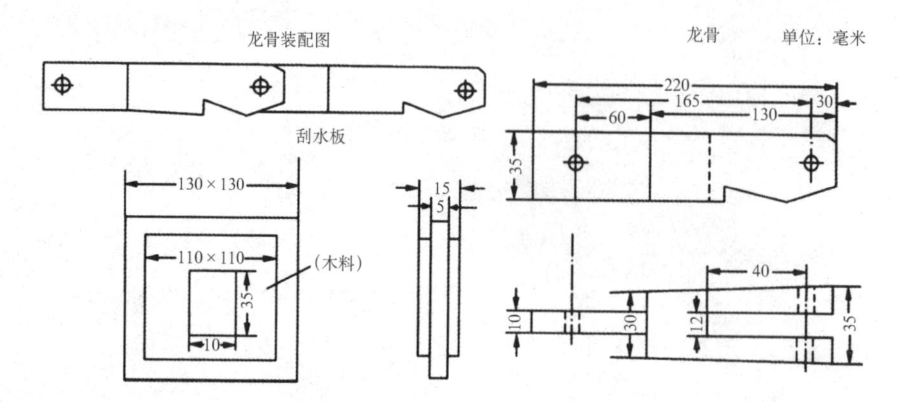

图 2–8　龙骨零部件图

此构造比较复杂，制造的技术要求也较高。

(3) 龙骨。龙骨是连接链轮和刮水板的活动部件，用木销连接起来就成为一根链条。它是水车的关键构件，在文献中又称作“鹤膝”。龙骨在车水时既受力又受水浸，有时还容易受到碰撞，所以要求选用坚韧、质优的木材制造，如野榆木、柞木、槐木、桑木等。鹤膝前端为凸形，后端为凹形，在明代木工著作《鲁班经》中称之为阴阳笋(榫)，各有一圆孔，故可凹凸相合，插入圆木销钉，使其铰接，而弯曲自如。凸端安一斗板，以木销固定。鹤膝前端有一刻口，与上端链轮拨齿相触，只能从一个方向带动链条连续运动。链轮上齿间距与鹤膝刻口间距相等。安装时刮水板要与横轴垂直，并在车槽的中间，还要使两链轮轴的轴线平行且链轮相互间没有位移。图 2–8 为 20 世纪 50 年代安徽省使用的一种翻车的龙骨零件图，包括鹤膝和刮水板零件及两鹤膝的装配图。[①] 水车上的龙骨数量众多，工艺较为复杂，每副龙骨有十几道加工工序，所以木匠多采用样板画线的方法进行加工，不仅可提高加工效率，而且采用一副样板画线，尺寸还能取得一致。也有的木匠先将两块样板钉成一具“样板船”，将锯好的毛坯放进里面可以很迅速地画出线条，点出栓孔，十分方便。

① 全国农机农具展览会编：《农具图选 1》，农业出版社，1958 年，第 51 页。

（4）刮水板。刮水板是水车提水的主要部件。它套装在龙骨木榫上用木栓固定。

二、风扇车

扇车又称风扇车、风车，是一种使用风力精选粮食的机械，还可以将粮食分成大小比重不同的等级。

扇车最早见于西汉史游的《急就篇》："碓硙扇隤舂簸扬。"唐颜师古注，扇即"扇车也"，隤乃"扇车之道也"。河南济源出土的西汉陶扇车模型、山西芮城出土的东汉陶扇车模型可佐证文献的记载。

王祯《农书》描述的扇车已很完备，驱动方式有手摇和脚踏两种；按叶轮安置方式分，有立式和卧式。车箱为圆筒形，比汉代的长方体更为合理。车身前面设出风口，车箱内装有叶轮。叶轮轴一端有曲柄摇把。使用时，将带糠秕的谷粒装入漏斗，摇动摇把使叶轮旋转，气流把皮壳杂物从出风口吹出去，较重的谷粒则沿着出粮槽流出。

西汉墓出土扇车的车箱为长方体，当叶轮在车箱内旋转时，会在箱角内产生涡流，阻碍叶轮的运转。叶轮转得越快，涡流对叶轮的阻力越大，摇扇车就越费力。当把车箱改为圆筒形，就不会出现涡流。

浙江开化县华民村的单出粮口风扇车，结构与王祯《农书》、《天工开物》的类似。云南农村使用的扇车启门可调节。江苏吴县（今属苏州市）的风扇车（图 2–9）则采用分体制造、拼合使用的结构。

双出粮口扇车由车架、车箱、叶轮（风扇轮）、进风口、摇把、出风口、漏斗、启门口、启门、第一出粮口（靠近启门口）、第二出粮口和出糠口等构成。有的扇车第一出粮口、第二出粮口都在摇把一侧。有的则第一出粮口在摇把一侧，第二出粮口在另一侧。由于大小、比重不同，双出粮口扇车可以将谷糠、好米和次米分开。当叶轮转速一定时，扇出的风速也一定，从同一高度落下的好米（粒重）、次米（粒轻）、糠（最轻）被风吹到远

图 2–9　江苏吴县的风扇车

近不同的地方。调整叶轮转速，使好米正好从第一出粮口流出，次米从第二出粮口流出，谷糠等杂物则从出糠口飞出，一次就把好米、次米、谷糠分开，提高了效率。若用单出粮口扇车，则须先从谷米中扇去谷糠，再把好米与次米分开，要扇两次。这种扇车通用于中国北方地区。有老人说它是很多年前从“南方”传来的。

三、磨

1. 引言

磨是一种用于粮食及油料颗粒粉碎加工的机械。早在远古时代，人们就开始使用石磨盘、石磨棒来加工粮食了。[1] 后来人们“断木为杵，掘地为臼”[2]，用杵臼来加工粮食，效率更高。磨的出现比石磨盘、石磨棒以及杵臼要晚，考古发现的最早石磨属于战国时期，文字记载最早见于西汉史游《急就篇》：“碓硙扇隤舂簸扬。”磨在古代又称硙（硙）、礳、䃺，现在则称石磨、旋转磨或者磨子。

磨由上、下两扇圆形磨盘相合组成。磨齿的演变大致经历了三个阶段：（1）战国至西汉时期，磨面上的齿基本上是枣核形、圆形和菱形小凹坑。（2）东汉至三国时期，磨齿发展为辐射形与分区斜线形，有4分区斜齿磨、6分区斜齿磨、8分区斜齿磨。（3）西晋至隋唐时期，磨的制作技术已经成熟，大多数磨的磨齿都是8分区的斜线纹，齿槽排列整齐，平行等分，深度一致。这种8分区斜齿磨成为后世主型磨，直到20世纪在中国很多地区仍有使用[3][4]。

磨的出现，一方面与一定历史阶段粮食作物的种植栽培情况、农业生产技术水平等因素密切相关，另一方面这种新的加工技术对粮食作物的推广种植以及人们的饮食结构和习惯产生很大影响。石磨加工技术的发明大大提高了粮食的加工效率，可以将小麦磨成面粉，将大豆磨成豆浆，将稻米加工成米粉，使人们的饮食习惯从粒食发展为面食，并使小麦和大豆成为人们喜爱的粮食，促进了这两种作物的推广种植。[5]

2. 磨的种类和构造

元代王祯《农书》，明代徐光启《农政全书》、宋应星《天工开物》等书籍中都绘图记载了磨，但这些古代文献对磨的记载过于简略，使人难

---

① 宋兆麟：《史前食物的加工技术——论磨具与杵臼的起源》，《农业考古》，1997年第3期，第187～195页。赵世纲在“石磨盘、磨棒是谷物加工工具吗？”（《农业考古》，2005年第3期，第134~147页）一文中对石磨盘、磨棒的功用提出了不同看法，他认为石磨盘、石磨棒是古代的揉皮工具。

② 《周易》系辞下，四部丛刊本。

③ 张春辉编著：《中国古代农业机械发明史（补编）》，清华大学出版社，1998年，第58～63页。

④ 张柏春，张治中，冯立昇等著：《中国传统工艺全集•传统机械调查研究》，大象出版社，2006年，第63页。

⑤ 陈文华编著：《中国古代农业科技史图谱》，农业出版社，1991年，第199页。

以从中了解到磨的详细结构、工作原理，以及制作技术和技巧。张治中等对当代中国部分农村沿用或保存的磨的调查，为我们了解磨的种类、构造和制作技术提供了丰富资料。①

磨的种类繁多，不同地区磨的结构、用途、动力、制作材料和制作技艺既有不少相同相似之处，也有一些差异。按采用动力形式的不同，磨可分为人力磨、畜力磨、水力磨、风力磨和电力磨等。人力磨、畜力磨以上磨扇转动为多，间隙不可调。水力磨有的是下磨扇转动，上磨扇用绳吊起，通过调整上磨扇的高度来改变上下磨扇的间隙；有的则是上磨扇转动，间隙也可调节。传统人力、畜力和水力磨多为卧式（磨轴垂直于地面），20世纪初期在一些地区出现了电力磨。

按尺寸大小差别，磨一般分为：（1）手磨，磨扇直径 133 ~ 400 毫米，人力手推；(2) 小磨，磨扇直径 533 ~ 700 毫米，使用最多，用 1 ~ 2 匹马或驴、牛拉，或 2 ~ 3 人推；（3）中磨，磨扇直径 700 ~ 867 毫米，用 1 ~ 2 匹马或驴、牛拉；(4) 大磨，磨扇直径 733 ~ 1000 毫米，用 2 匹马或驴、牛拉；(5) 特大磨，磨扇直径 900 ~ 1100 毫米，用 3 匹马或驴、牛拉；（6）水力磨，磨扇直径最大者有 1200 毫米甚至以上的。手磨、小磨主要在家庭使用。中磨、大磨主要用在磨坊里，或用在农村大户人家，或公用。水力磨用在水力资源丰富的地方，特大磨的使用很少。

按所加工物料种类与方式的不同，磨又可分为旱磨、湿磨和油磨。把小麦、玉米、高粱及其他粮食颗粒磨成粉的磨称旱磨。有些地区还将旱磨用于谷类、豆类等的脱皮，将其加工成米。将湿物料和水一同加工的磨称湿磨，如制作豆腐用的磨、制作粉条用的粉磨等，分为大磨、中磨、小磨和手磨。大磨、中磨主要在粉坊、豆腐坊使用；小磨、手磨，主要在家庭使用，如磨煎饼糊等。用在油坊粉碎油料的磨称油磨。

① 张柏春，张治中，冯立昇等著：《中国传统工艺全集·传统机械调查研究》，大象出版社，2006 年，第 63 ~ 88 页。

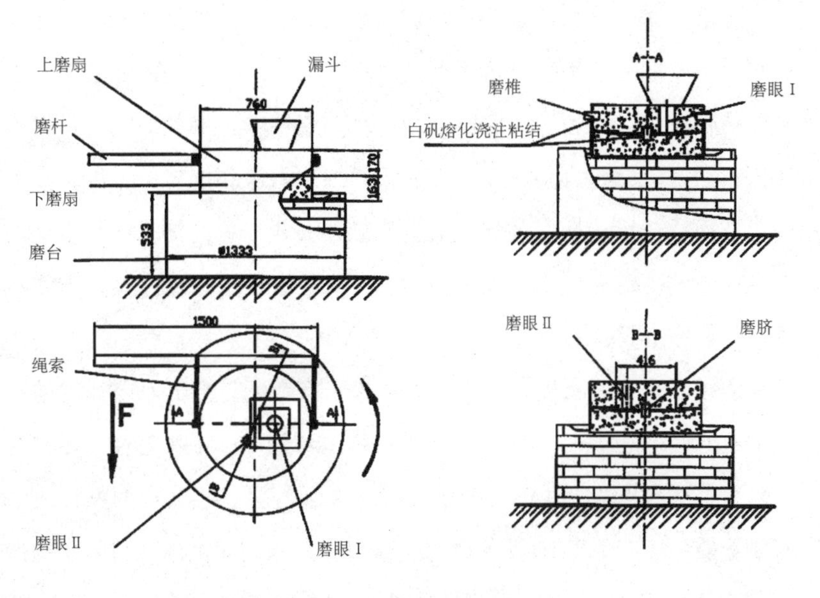

图2–10 呼和浩特市东郊黑土凹村旱磨（张治中、皇小龙测绘）

图2–11 呼和浩特市东郊黑土凹村旱磨的磨扇（张治中摄）

磨一般由石制的磨扇、漏斗、磨脐（铁轴）、磨椎、磨杆（磨棍）、磨盘和磨架（磨台）等组成（图2–10）。磨扇分为上、下两扇（图2–11）。上磨扇上有轴孔、凸磨膛、磨齿和磨口，顶部有1～2个磨眼（即进料口）。下磨扇上有凹磨膛、大磨齿和磨口，固定在磨盘上。上磨扇带齿的一面中心有圆轴孔（一般镶圆铁套），与下磨扇的磨脐相配合。上下磨扇的齿形和尺寸相同，下磨扇一般较薄。上磨扇的齿朝下，下磨扇的齿朝上，上下磨扇通过轴孔与磨脐组装起来。漏斗固定在上磨扇的磨眼上方。磨盘用铁、石头、木头做成，或用土坯、石头、砖砌成。磨盘下的支撑物一般用土坯、砖或石头砌成，也有用木支架的。

当磨工作时，物料从漏斗的进料孔进入到两个相对运动的磨扇之间的磨膛里。下磨扇的凹形磨膛用于存留物料。旋转的上磨扇的凸磨膛向外推物料，使物料进入大齿内。磨膛直径与磨扇直径的比例是决定产量大小的主要因素之一。磨膛直径过大，就会相对缩短磨齿和磨口的长度，减少磨扇的工作面积，影响研磨效果；磨膛直径过大或过深，则吞料增多，增加了磨膛内部的搅动，动力消耗也会增大；磨膛直径过小或过浅，则使吞料减少，影响加工成品的产量。

磨扇被划分成若干区，区数一般取决于磨扇的直径大小及研磨情况。常见的有6区、8区和10区三种，其中8区磨最多。手磨直径小，往往以6区居多，也有8区的。每区内齿的密度大小，随着研磨物的颗粒大小及磨石质量的好坏而定。研磨物颗粒较小、磨石质量较好的磨扇有较多的齿，每区内有8～10齿，其中副齿3～4根，同类的齿相互平行。磨石质量较差的磨扇有较少的齿，每区只有5齿，其中副齿1～2根。齿多的磨扇一般比齿少的好。

磨齿分为大齿和磨口，大齿在内部，向外推、扩散和破碎物料。磨口主要是刮研、破碎物料，起磨细作用，有些磨没有磨口。磨的齿型包括磨齿的形状、齿距的大小、磨口的宽窄等要素。齿型影响成品的粗细度、产量的大小、运转阻力，以及磨齿的破损程度和成品含砂量的多少。打磨时，石匠须根据各种粮食的研磨性能和成品的粗细度，综合考虑齿型的各个要素。

上下磨扇磨齿都向上平放时，磨齿是沿着磨扇的回转方向（从上看下去为逆时针方向）向前倾斜的，它们的大齿和磨口大小形状一样，齿的倾斜方向、倾斜角度都一样。当磨组装起来时，在工作位置，上下磨扇的磨齿是交叉的。

磨齿的斜度是指磨齿线与磨齿线外端点跟磨扇内孔轴中心点连线所夹锐角，斜度大小关系到物料在磨内的停留时间、研磨效率，可根据原粮品种及成品粗细度的不同要求而定。当上下磨扇平放而磨齿向上时，上下磨扇齿的倾斜方向必须与上磨扇的旋转方向(从上看下去为逆时针方向)相同。倾斜方向相反或没有斜度时，物料不易流出。相对而言，斜度小，则物料在磨内停留时间长，研磨效率高，出粉细，可以减少研磨次数；斜度大则效果相反。

磨口位于磨扇的圆周边缘。磨口靠近大齿处主要是破碎粮食颗粒，靠近边缘处主要起刮研磨细粮食颗粒的作用。磨口宽的比磨口窄的出粉细。但磨口不可过宽，否则麸皮易碎，动力消耗也随着增加。磨口齿沟宽度小的比宽度大的出粉细，但费动力。如果磨口高于磨齿，那就减小了磨齿对物料的研磨作用。

轧距是上下磨扇的磨口之间的间隙，它影响成品的粗细度、运转阻力、磨石的破损程度和成品含砂量。人力磨、畜力磨的轧距不可调节，磨的压力主要取决于上磨扇的重量。

人力磨的 2 个磨椎固定在上磨扇的两侧。使用时，将磨杆一端用麻绳捆绑在两个磨椎上，1～2 人推磨杆的另一端。将待粉碎的物料装入漏斗，人推磨杆，驱使上磨扇以磨脐为中心做逆时针方向旋转。畜力磨要在上磨扇的圆周两侧或四周固定 2 个或 4 个磨椎。由 1 匹牲畜带动的磨，要用绳索将磨杆捆绑在两个磨椎上，装上绳套，牲畜拉磨杆，则驱使上磨扇旋转。2 匹牲畜拉动的磨，有的是用麻绳将 2 个磨杆捆绑在 4 个磨椎上；有的是把木制磨框固定在磨椎上，磨框上带 2 根磨棍，牲畜拉磨杆。在畜力磨工作时，要蒙住牲畜的眼睛，以免牲畜因旋转而头晕。

湿磨的磨膛凸凹方向与旱磨相反，即上磨扇凹进。大部分湿磨的下磨扇没有凸出，中部平面与齿顶在同一平面上。有的湿磨的下磨扇是凸出的。上磨扇有凹磨膛。磨扇分区的数量一般也是 6 区、8 区和 10 区，以 8 区的磨居多。手磨直径小，通常有 6 个区，有时是 8 个区。旱磨（面磨）的齿深，豆腐磨的齿浅。

旱磨、油磨的上磨扇较厚重，湿磨的上磨扇较薄轻。旱磨用久了，可以改成比较轻快的湿磨。豆腐磨和粉磨都要求上磨扇薄轻快。

3. 磨的制作和维修

各地磨的制作都是因地取材，内蒙古、山西和山东等地的磨都选用花岗岩石材制成，也有使用玄武岩石材的，但不如花岗岩耐磨。磨的打制一般由以下几个步骤组成[①]：

第一步，开石。在石场开石头，取得平石板。通常要从大石头上立取，因为立取比较容易，平取比较困难，只有手艺好的老师傅才能平取。将待修凿石板的面平放，操作才比较方便，工作不易疲劳。

第二步，制作毛坯。在平板上放线。先画十字线，找中心，打中心小孔，用绳子拴红石画圆，据此将石材打成近似的预期形状和尺寸。然后，再将荒料修整成毛坯。再画线，用凿子修劈石材，包括打圆和铲平面，使磨扇毛坯变成所要求的形状。

第三步，细铲齿、打孔。画线，将圆周分为8等份，再在每分区内画齿线。在每个分区，先铲长齿，后铲短齿。先用錾子铲槽（粗加工），逐个齿地铲出齿的半坡。再用剁子剁铲过的槽。全部齿的半坡加工好后，最后用剁子逐个剁好立坡。这样，不容易打坏齿的立坡。

第四步，安装辅件。把磨脐插入下磨扇轴孔内，加铁楔挤紧，用熔化的白矾或松香浇注固定。上磨扇轴孔内镶圆铁套，也用熔化的白矾或松香浇注固定。将木制的磨椎插在上磨扇的侧孔内，用木楔挤紧，再用熔化的白矾或松香浇注固定。还可以用熔化的硫黄加沙子，浇注固定上述零件。

第五步，调试和矫正。合上两个磨扇，并使上磨扇适当运转。根据两磨扇的接触点留下的摩擦痕迹，制作者判断哪些位置不规整或者哪些点过高，然后进行修整，去掉多余的部分，直到合乎要求。试转时，最好加一点粮食。如果不加粮食，进行空转，容易损坏磨扇。

---

① 张柏春，张治中，冯立昇等著：《中国传统工艺全集·传统机械调查研究》，大象出版社，2006年，第82～85页、第87～88页。

磨用久了，齿的磨损较严重，须重新铲磨，铣齿和槽。先用錾子铲半坡，后用剁子剁槽。若先剁槽，就容易把立坡打坏。油磨用久了，可能出现贼石（即高点），只要打掉贼石就可以了，不必再铲。石匠制磨的常用工具如图 2–12 所示。

图 2–12　石匠使用的部分制磨工具（张治中摄）

自汉代以来，从上向下看，磨的旋转全部为逆时针方向。这可能是由于石匠打制磨的习惯造成的。石匠打制磨齿时，习惯上右手拿锤子，左手拿凿子，这样就造成特定的磨齿倾斜方向，并要求磨扇沿逆时针方向旋转。

四、碓

1. 引言

碓是用于谷物粮食加工的一种机械。它是在杵臼的基础上发展而来，其功能与杵臼相同，只是动力源和操作方法不同。碓的杵槌、杵身皆为木质，杵头的箍和齿为铁质，臼窝为石质。关于碓的文献记载最早见于西汉末、东汉初桓谭的《桓子新论》，作为明器的出土陶碓最早的属于西汉之时。碓比杵臼要省力得多，效率也高很多，它的出现在人们的社会经济生活中发挥了巨大作用。

2. 碓的种类

按动力方式的不同，可将碓分为手碓、脚踏碓（图 2–13、图 2–14）、槽碓和水碓等几种。脚踏碓的臼窝与杵臼的相同，施力点为脚踏板，受力点为杵槌，支点在两者之间靠近脚踏板的一端。加工者将踏板踩下较短距离，即可将杵槌提升到较高的位置。松开踏板，杵槌自由下落，即可对臼窝中的粮食进行加工。手碓是用手来操作杵槌，比脚踏碓要费力。王祯《农书》

图 2–13　云南丽江米碓（引自宋树友主编《中华农器》第一卷附图 2.7.5.10）

图 2–14　云南景洪市勐混寨脚踏碓（引自宋树友主编《中华农器》第一卷附图 2.7.5.11）

图 2–15　融水县杆洞乡杆洞村踏碓（张柏春摄）

中记载的槽碓[①]与脚踏碓原理相同，将碓杆尾梢变阔做成深槽，引流水倾注于槽中，水满后重前轻杵槌头抬起，水泻落则后轻前重杵槌头落，采用水力作为动力来驱动碓工作。水碓将在第四章中予以介绍。

3. 踏碓

人力踏动碓是比较原始的简单的加工机械。张柏春等于 2001 年 11 月在广西融水苗族自治县杆洞乡杆洞村高显屯村民家中看到一个人力踏碓（图 2–15）。[②]其结构为：一个支架支撑着一根长木杆，木杆前半部分装了一个碓槌，碓槌端部是铁制的锤头。人脚踏木杆后端的平板部分，碓槌抬起；

① 〔元〕王祯：《农书》卷二十“农器图谱十四”之“利用门”。

② 张柏春，张治中，冯立昇等著：《中国传统工艺全集·传统机械调查研究》，大象出版社，2006 年，第 143 页。

放开木杆的后端，碓槌下降，砸入石臼内。不用时，用绳子将碓槌一端挂起来。

五、碾

1. 引言

碾在古代又称辗、碾子，现代又称石碾，其制可能起始于南北朝时期。在使用电以前，碾在各地的使用很广泛，是中国最重要的粮食、油料、瓷土及纸浆等物料的脱皮、粉碎机械之一。各地碾的结构、用途、动力、制作材料和制作技艺因地制宜，各有差异。按所用动力不同，碾可分为人力碾、畜力碾、水力碾等。按照结构上的差别，碾又可分为辊碾和槽碾。在中国古代文献里，如元王祯《农书》、明徐光启《农政全书》、明宋应星《天工开物》等书籍，对辊碾和槽碾均有不少描述。

张治中等人结合文献和他人的调查，对中国传统的碾进行了考察，重点调查了内蒙古中西部、山东泰安的传统碾，对这些地区碾的种类、结构、制作修整技术做了详细记录。[①]

2. 碾的构造

各地使用的辊碾结构和打制方法有很多相同相似之处，如辊碾都由碾盘、碾辊、碾脐子和碾杆等部分组成，碾辊上都有沟纹槽，碾辊绕碾脐子做逆时针方向的旋转等，反映了中国传统辊碾的结构及制作的基本特点。在山西、内蒙古中西部的辊碾主要用于谷物脱皮，如碾谷子、黍子、豆子，也用于轧小米面、黄米面、莜麦面、玉米面、带麸子的小麦面等，只是不用于轧白面，还用于轧油料、轧纸浆。

有些地方的辊碾是由碾盘、碾脐子、碾辊、碾杆、铁钏、铁辖等部分组成的（图 2–16）。碾盘正中有碾脐子孔，装有碾脐子（铁轴）。碾盘固定在用土坯、石头或砖砌成的碾台上，或直接用石头支撑。在碾盘周边加

---

① 以下关于“碾的构造”和“碾的制作”两部分的内容主要参考的是：张柏春，张治中，冯立昇等著：《中国传统工艺全集·传统机械调查研究》，大象出版社，2006 年，第 99～121 页。

图2–16 内蒙古呼和浩特市东郊小井村辊碾（张治中摄）

图2–17 山东泰安市泰山东麓黄山头乡水牛埠村辊碾（张治中摄）

大一圈，与碾盘周边一样高，用于存放碾压过的物料，或直接放置在碾盘周边。碾盘直径一般为1133~1767毫米。碾辊安装在碾盘上，直径一般为450~767毫米，长度为367~733毫米。双辊碾的碾辊直径大，长度小。碾辊有圆轴通孔，孔两端各镶1个铁钏（即铁轴套），碾杆穿过碾辊轴孔两端的铁钏。其一端用铁套与碾脐子安装在一起，用人力推动或畜力拉动碾杆的另一端，驱使碾辊在碾盘上以碾脐子为中心旋转。

有些地方的辊碾无碾杆通孔，不用长碾杆，而使用的是碾框结构（图2–17）。在碾辊上安装碾框子，在碾辊两端分别装有凹球面的脐窝子，碾框两边的碾轴呈凸球面，脐窝子与碾轴组成球面副。碾框与碾脐子装在一起，框上并装有碾杆，人或牲畜驱动碾杆，使碾辊绕两端脐窝子的球心组成的轴线相对于碾框旋转，同时绕碾脐子转动。

碾盘及碾辊的材料都是花岗岩，碾框材料是木材，碾杆材料为榆木或槐木，碾脐子、钏、套、辖或脐窝子和碾轴等金属零件是锻铁件。

碾盘表面中部凸起，中心最高，向外渐低，周边最低。这样，当碾辊碾压物料时，迫使物料由中心向周边移动。碾辊在碾盘表面滚动的环形轨迹叫做碾道。碾道上的沟纹槽对谷物颗粒起挤压、切削等作用，便于谷物的脱皮。

碾辊两端粗中间细，分为三部分：（1）里革头，靠近碾脐子部分，防止物料向里移动。（2）中间部分，直径比两端革头小4毫米左右，挤压、擦离、切削物料颗粒。（3）外革头，精碾物料。碾辊外圆表面的槽主要起

图 2–18　内蒙古呼和浩特市东郊保合少乡大窑子村槽碾（张治中摄）

挤压、擦离、切削粮食颗粒的作用，同时也推动粮食颗粒由里向外移动。碾辊的沟纹槽分两种：一种为直纹槽。槽与碾辊轴线平行，有的碾辊中间有斜纹槽。一种为鱼鳞纹槽。当碾盘上没有物料时，碾辊的两端革头与碾盘表面接触，碾辊中间与碾盘表面有 2 毫米左右的间隙。谷子、黍子等谷物脱皮时，这个间隙使米粒免于被压碎或损伤。往碾盘中心加物料的方法有两种：一般在碾杆上安装 1 个漏斗，用簸箕把物料不断加到漏斗里，物料从漏斗的下料口自动流到碾盘中心；另一种方法是，用簸箕直接往碾盘中心加物料。

槽碾（图 2–18）在古代又称碾、辗、牛碾、水碾，现代称槽碾、碾子、石碾，用于稻子、谷子等谷物脱皮（碾米）碾白，还用于粮食、油料颗粒、瓷土、陶土及纸浆等物料的粉碎。槽碾的最早记载见于东汉的《通俗文》。近代以来，河南安阳出土了隋代的陶制模型槽碾明器，山西、辽宁等地出土了一些唐代的陶制模型槽碾明器。按所用动力不同，槽碾可分为畜力碾和水力碾。按结构不同，槽碾又可分为单碾轮槽碾、双碾轮槽碾和转向架式槽碾等。槽碾是大型畜力碾，由碾槽、碾轮（又称碾砣）、碾杆等组成。碾轮的轴孔两端各有 1 个铁钏，轮的表面有花纹图案。碾槽是由很多段石头槽拼接起来的。以马或驴等牲畜牵引碾杆，驱使碾轮绕碾脐子在碾槽中滚动。碾轮的外圆面及两侧面碾压物料，达到脱皮或粉碎的目的。碾槽两侧面的小槽和碾轮外圆两侧的小直槽起搓擦、摩擦物料的作用，提高粉碎效果。碾轮两侧面的花纹图案与小直槽图案的分界圆环，起限制物料向上移动的作用。

3. 碾的制作

辊碾的制作主要有五个步骤：

第一步，开石。从大的石头上选取毛坯材料。首先，用墨斗等工具放线。其次，开楔子坑。石头厚，楔子坑多开一些，间距为 2 ～ 3 寸（67 ～ 100 毫米）；石头薄，楔子坑开得少一些，间距为 3 ～ 4 寸（100 ～ 133 毫米）。人站在大石头上，左手握楔子，右手握锤打。轮流打楔子，每个楔子打一次，锤打力量要均匀。

第二步，打碾盘。用锤子和楔子从板石下圆料，或从大石头上破料。用锤子和楔子打掉大块多余的石头，再用大锤把石料修整成毛坯，并进一步打成圆形。用拐尺、折尺、长直尺、绳子等工具在毛坯料上画十字线、画圆。然后用锤子和凿子细打碾盘表面和圆周，并用锤子锤打凿子，在坯料上掏碾脐子孔，然后在碾盘上打小坑或铣槽。

第三步，打碾辊。切出方石以后，在毛坯的一端画十字线、找圆心、画圆。根据此端十字线、另一端面和毛坯的状况，在另一端画十字线找出圆心，画圆。把两端十字线连起来。用锤子和楔子打掉大块多余的石头，再用大锤把棱子打圆。然后用锤子和凿子细打圆周，用锤子打喇叭凿掏孔。先掏一半边，再掏另一半边。最后，用锤子和凿子在碾辊外圆表面铣槽。

第四步，固定附件。将碾脐子装到碾盘碾脐子孔里，打入木楔子、铁楔子挤紧，用白矾或松香注入固化，将铁钏安装到碾辊轴孔内。

第五步，试用与修整。辊碾组装好后，进行试用。碾盘表面和碾辊外圆表面哪里高，就用锤子和凿子铣哪里。铣后再试，发现高点再铣，直到碾盘、碾辊都无高出点。辊碾使用期间，要 2~3 年修整一次。如果碾盘和碾辊无槽或槽浅，无小坑或坑浅，粮食就会往外跑，不利于脱皮。

内蒙古卓资山县福山庄乡用古铜钱来检查碾辊与碾盘之间的间隙。方法是把 7~8 个古铜钱分散平放在碾盘环形碾道中间，推碾辊转动检查。如果压不坏铜钱，就能保证碾辊与碾盘间隙在 2 毫米左右，即可碾谷子、黍子。间隙太小，容易压烂米粒；间隙太大，则会降低脱皮效率。

槽碾的制作方法：（1）打好石头槽后，把它们垒起来。用锤子和凿子修规整。（2）在使用现场，将槽碾安装好，再用马牵引碾轮，进行试用。用锤子和凿子铣掉碾轮和碾槽的高出部分。再试用，再铣掉高点，直到碾轮和碾槽都没有高出点，才算合格。

第三节　水力机械

一、水磨

1. 引言

水磨是用水轮来提供动力的一种粮食加工机械。[1] 按放置方式不同，水轮可分为立式和卧式两种。它把水流的能量转换为机械能，在古代主要是用来为水碓、水磨、水碾、筒车、船磨等提供原动力的一种装置。卧式水轮驱动的水磨，一般主要由石磨扇、卧式水轮和立轴等部分组成。立式水轮驱动的水磨，整体结构则要复杂一些，主要由石磨扇、立式水轮、传动轴、齿轮和控制机构等部分组成。立式水轮的激水方式又可分为上激式和下激式。

根据文献记载，三国时马钧和韩暨都曾制作过卧式水轮。如《全上古三代秦汉三国六朝文·全晋文》卷五十记载：魏明帝时，马钧造“水转百戏”，“以大木雕构，使其形若轮，平地施之，潜以水发焉”，即用卧式水轮来驱使多种木偶动作和“舂磨”工作。两晋以后，关于水磨、水碾的记载渐多，如《南史·祖冲之传》记载：祖冲之“于乐游苑造水碓磨，武帝（483—493 年在位）亲自临观”。对于磨来说，用卧式水轮驱动时机构最简单，而用立式水轮驱动则还需要齿轮来传动。祖冲之造的“水碓磨”如果指的是两部独立机械，那么，水磨很可能用了卧式水轮；如果“水碓磨”

① 张柏春，张治中，冯立昇等著：《中国传统工艺全集·传统机械调查研究》，大象出版社，2006 年，第 89 页。

是一部碓磨复合机械，那它需要用立式水轮、凸轮机构和齿轮传动。雍州作为古代中国的九州之一，有造水磨、水碾的传统。《魏书·崔亮传》说："亮在雍州，读杜预传，见为八磨，嘉其有济时用，遂教民为碾。及为仆射，奏于张方桥东堰谷水造水碾磨数十区，其利十倍，国用便之。"崔亮可能造了些卧式水轮驱动的水碾和水磨，或许还造了由立式水轮驱动的比较复杂的碾磨系统。

在唐代，水磨、水碾被许多地区采用。由于个人财力和水流大小的不同，唐代前后除有立式水轮驱动的磨碾系统外，还有卧式水轮驱动的水磨或水碾。上海博物馆收藏的五代至北宋《闸口盘车图》清楚地描绘出了水磨加工粮食的情景，即来自斜槽的水流冲击着有辋卧式水轮，水轮的立轴直接驱动着楼板上方的卧置磨盘，整个装置都设在一座木结构为主的建筑中。元代王祯《农书》里对水碾、水磨、水砻及船磨的结构皆有描述，文中所描述的水转连磨的动力机构是立式水轮，通过齿轮传动机构，可带动连磨旋转工作。卧轴端首的齿轮还可兼打碓梢，为几个碓提供工作动力。干旱时，在立式水轮周围缚上水桶，又可兼做提水灌溉装置。船磨的动力机构也是立式水轮，王祯《农书》中描绘的"卧轮水磨""水碾""水轮三事"（磨、碾、砻）则以卧式水轮为驱动机构。明代的《天工开物》《农政全书》与清代的《古今图书集成》等书也描绘了水磨、水碾，但对水轮结构的描述并不比王祯《农书》的记载更详细。

2. 水磨的驱动装置

立式水轮和卧式水轮驱动的水磨，当今在皖南和西藏等一些地方仍有使用。此处以皖南和西藏拉萨等地的水磨为例，来介绍水磨驱动装置水轮的基本结构。

(1) 立式水轮

立式水轮驱动的水磨一般都是水碓磨、水碾磨或者水碓磨碾复合机械系统的一个组成部分。

图 2–19　安徽歙县昌溪水碓磨（关晓武摄）

安徽歙县昌溪镇周邦头水坝北岸建有水碓磨景点。[①] 此处景点是根据遗迹在原址上修建而成，重建于 2002 年，于 2004 年 5 月 1 日正式对外开放。历史上，这里的水碓磨曾多次遭受大水冲毁，其中以 1922 年和 1969 年的两次损毁最为严重。

周邦头水碓磨主要由三个部分组成：动力机构——下激立式水轮，传动机构——卧轴、轴上凸木和传动齿轮，以及工作机构——碓和磨，如图 2–19 所示。其中，碓主要用于加工米粒或糯米粉，磨用以磨制玉米面等。

下激立式水轮直径大约 5 米，主要由辐板、辋板、叶片、楔块、连接销和加强块构成。辐板由 4 根木板贯轴两两榫接而成，再用楔块紧固。辋板分成内外两层，通过连接销和叶片榫头相连。辋板上开槽，内外叶板分装在槽沟上，并与辋板榫接，形成“﹀”形叶片。辋板与辐板相接处用弧

---

① 资料来自关晓武 2006 年 1 月在皖南地区的调查。

图2-20　安徽绩溪县家朋乡水碓下村水碓磨（关晓武摄）

形木块加强。据当地曾参与过昌溪水碓磨制作的吴叶法师傅介绍，水轮材质主要选用的是当地盛产的柴胡木(类似黄檀木,密度硬,颜色不如黄檀木)，所用工具是木工常用工具。

安徽绩溪县家朋乡水碓下村的水碓磨（图2–20），采用的是上激立式水轮，直径大约2.2米，与昌溪的水轮结构有所不同。水碓下村水轮的上方有进水槽，承水部分呈斗槽式结构。

（2）卧式水轮

西藏现在很多地方仍在应用水磨加工糌粑。[①] 在山水资源充足、种植青稞的地区，如山南地区和日喀则地区等，水磨仍是加工糌粑的主要工具。拉萨城关区娘热乡位于娘热沟内的几个村民组，仍有多处水磨房用于糌粑

① 关晓武，黄兴：《西藏甲米水磨与糌粑食用礼俗》，《技术的人类学、民俗学与工业考古学研究》，北京理工大学出版社，2009年，第119～137页。

加工。堆龙德庆县古荣朗孜糌粑公司所带动的206户农户中，其中62家为水磨户，水磨加工应用的规模不小。这些水磨使用的一般都是无辋卧式水轮。

娘热沟和朗孜糌粑公司的水磨也主要由三个部分组成：动力与传动机构——卧式水轮、立轴和铁键，工作机构——上、下石磨盘与吊斗，以及调节磨盘间隙与上磨盘转速的控制机构，如图2–21所示。

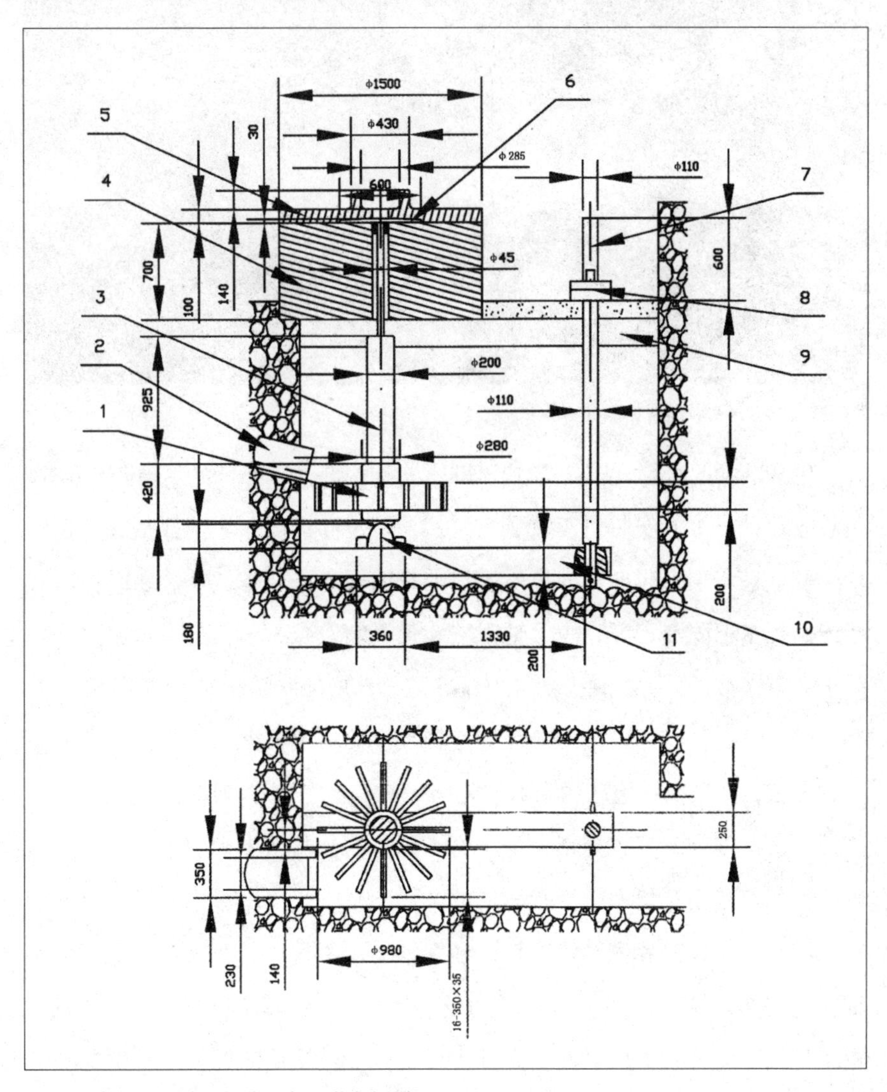

图2–21 拉萨甲米水磨总体结构示意图（关晓武测绘）

图 2–22　拉萨甲米水磨水轮和立轴（黄兴摄）

甲米水磨的水轮（图 2–22）以圆木立轴根部为中心，沿其轴向开凿 16 条长方形孔，用以安装对应数量的叶片。每片叶片以一块木板制成，在叶片一侧嵌进木楔，起到紧固作用。地上平施一长条枕木，其一端嵌在砖石墙内。枕木上固装石臼，水轮轴下端装设石窝，与石臼相合。水轮两头各绷了 2 道铁箍，圆木立轴上部又安了 2 道，以增加水轮和立轴的强度。

轴上开孔、叶片数目、叶片宽度和长度等均可根据立轴直径和动力需要来确定，西藏拉萨地区的水磨水轮一般都安装了 16 片叶片，而宽度和长度尺寸各有不同。朗孜糌粑公司水磨水轮的制法与甲米水磨不一样，其水轮叶片每片是用几块木板拼合而成的，而不是一整块木板，所以比甲米水轮的叶片要宽。叶片也不是直接装在立轴上，而是插装在水轮轴上。水轮轴由包在立轴根部的 16 片厚木块构成，其两头用铁箍牢牢绷住，叶片就嵌在水轮轴上，再用木楔紧固。立轴上部也以 2 道铁箍圈绷住。水轮轴底部用铸铁包裹石臼，与枕木上凸起的石窝相合，以支撑水轮和立轴。娘热乡吉苏村4组敏珠家水磨的水轮构造略有区别，立轴根部直径逐渐加粗，形如蒜头，在粗大的立轴根部凿孔安装叶片，并在叶片之间添夹木块，两端圈以铁箍，再以木楔楔紧叶片，使之牢固耐用。枕木上安装石臼，与水轮轴底部的石窝接合，以起支撑作用。

在水磨上游开渠引水侧激水轮，升降闸板可调节水流量大小。水轮运转驱使立轴转动，轴端铁键将动力传递给磨盘，带动上磨盘沿逆时针方向转动。激轮之水又沿着渠道从下游流出。因此，水磨房须建在有流水可资利用的地方，水流冲力是水磨运转的动力来源。引水渠与出水渠间的落差影响着水流速度和驱动水轮的动力大小。流水季节对水磨房的生产具有一定影响，在枯水季节和封冻时期，水磨房都要停工。

二、水碓

1. 水碓的历史

水碓是利用水力来驱动碓进行粮食加工的机械，一般由立式水轮、传动机构和碓等部分组成。

《桓子新论》和《通俗文》等文献记载表明，汉代已经使用了水碓，东晋时水碓的结构已经比较复杂了。元代王祯、明代宋应星等绘出了水碓的简图。王祯《农书》里绘出了一张下射立式水轮的草图，但没有画清叶片的构造。

宋元之际，胡三省（1230—1302）在注《资治通鉴》时对水碓作了如下描述：

“为碓水侧，置轮碓后，以横木贯轮，横木之两头，复以木长二尺许，交午贯之，正直碓尾木。激水灌轮，轮转则交午木戛击碓尾木而自舂，不烦人力，谓之水碓。”“横木”即水轮的卧轴，水轮当然为立式。轴两头设“长木”（即凸杆），说明这是连机碓。

连机碓是以一个水轮驱动两个碓或多于两个碓的机械。王祯《农书》

卷十九对它作了如下描述：

“凡在流水岸旁，俱可设置，须度水势高下为之。如水下岸浅，当用陂栅；或平流，当用板木障水，俱使旁流急注。贴岸置轮，高可丈余，自下冲转，名曰撩车碓。若水高岸深，则为轮减小而阔，以板为级，上用木槽引水，直下射转轮板，名曰鼓碓。此随地所制，各驱其巧便也。”

其中所云的撩车碓用的显然是下射立式水轮，斗碓（即鼓碓）采用了上射立式水轮。根据“斗”字推断，王祯所述斗碓的水轮叶片应是斗式的。把直径不大的“鼓”状水轮制作得“阔”些，可以扩大叶片斗的容积，充分利用水的动量和重量。明代《农政全书》和清代《农雅》都收录了王祯的记述。清康熙刻本《绍兴府志·水利》也提到“平流则以轮鼓水而转”的下射立式水轮和“峻流则以水注轮而转”的上射立式水轮。

2. 水碓的驱动装置

水碓的驱动装置为立式水轮，激水方式主要有上激式和下激式。

云南丽江县石鼓镇松坪子村的水碓（图 2–23）使用的是无辋水轮。[1]其水轮构造较简单，叶片木板直接榫接在轴上。水流冲击到水碓水轮叶片上，就能驱动水轮运转，从而通过水轮轴上凸木将动力传递给水碓，带动水碓起落工作。水轮转速靠控制水闸来调节。石鼓水碓的结构布局和水轮构造与其他地方的有所不同。石鼓水碓碓杆的回转平面与水轮的轴是平行的，而常见的结构布局是水碓碓杆的回转平面与水轮的轴相垂直。

浙江开化县桐村镇水碓（图 2–24）用于将小木块粉碎成木粉，采用的是上射立式水轮[2]，其基本结构和装用方法与王祯《农书》中所描述的相同。其上射立式水轮由 8 根辐、8 块辋板、32 个叶片、楔杆、连接板、加强条构成，辐榫接在轴和辋板上。辋板之间用榫及连接板连接。连接板镶在辋板外侧

---

① 张柏春，张治中，冯立昇等著：《中国传统工艺全集·传统机械调查研究》，大象出版社，2006 年，第 144 ～ 145 页。

② 张柏春，张治中，冯立昇等著：《中国传统工艺全集·传统机械调查研究》，大象出版社，2006 年，第 145 ～ 149 页。

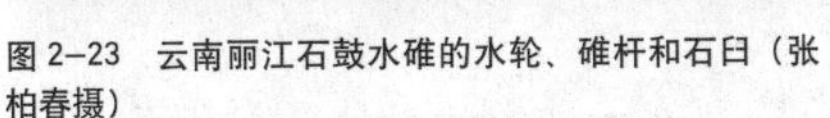

图 2–23　云南丽江石鼓水碓的水轮、碓杆和石臼（张柏春摄）

图 2–24　浙江开化县桐村镇水碓（张柏春摄）

的槽内，是两端宽中间窄的弯板。叶片由外叶板、内叶板、底板三部分组成，它们均镶在辋板的槽中，与辋板形成 32 个筒状的叶片斗。辋板与底板之间装了环形的加强条，以增加底板的强度。水轮轴两端装有铁套，以增加轴面的强度和耐磨性。轴座由石座、长条木、短条木和固定木等部分组成。用几根竹槽将水分别引到水轮轴的轴承和支架的销轴上，起到降低轴承温度和润滑作用。

云南大理喜州镇、广西宾阳县太守乡和广西邕宁县昆仑镇等地所应用水碓[①]，虽然用途各有不同，但它们的水轮结构和工作原理与浙江开化县桐村镇的水碓却是相同的。

三、水碾

1. 引言

水轮驱动的轮碾（槽碾）叫做水碾，是广为使用的一种粮食加工机械。水碾一般由碾轮、卧轴式或立轴式水轮等部分组成，卧轴式水轮驱动的水碾还有齿轮传动机构。所以，按驱动水轮的不同来划分，可将水碾区分为卧轴式水轮和立轴式水轮驱动的两种类型。

---

① 张柏春，张治中，冯立昇等著：《中国传统工艺全集·传统机械调查研究》，大象出版社，2006 年，第 149～154 页。

据史籍记载，水碾始用时间不晚于北魏，且行用历史较长。《魏书·崔亮传》曾有记载。王祯《农书》中对水碾也有描述。[①] 据张柏春等人的调查，20 世纪 90 年代在广西、云南的一些地区，两种类型的水碾仍有不少应用。

2. 卧轴式水轮驱动的水碾

2001 年，张柏春等调查发现，广西融水苗族自治县杆洞乡杆洞村高显屯和龙胜县尚有水碾使用。[②] 高显屯使用水碾有一百多年的历史，2001 年时村里还有十八九个水碾，主要用于碾稻米、玉米等谷物。这些水碾的驱动装置为卧轴式水轮，其轮辐结构比较特别，传动齿轮的轮齿装在轮子一侧，不见于古籍记载，与中国其他地方所用的水轮和传动齿轮的结构不同，却与欧洲的水轮和传动齿轮的结构有些类似。

高显屯水碾的卧轴式水轮由轮辐、轮辋、叶片等部分组成，如图 2–25 所示。轮辐由两组各 4 根木杆箍接在方轴上形成，如图 2–26 所示。轮辋由

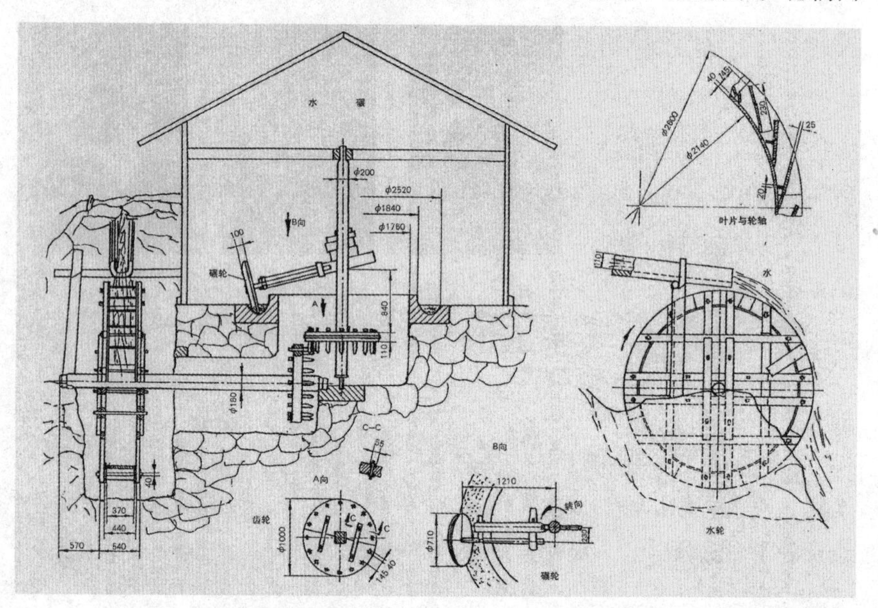

图 2–25　卧轴式水轮的水碾视图（张柏春测绘）

① 〔元〕王祯：《农书》卷二十“农器图谱十四”之“利用门”。

② 张柏春，张治中，冯立昇等著：《中国传统工艺全集·传统机械调查研究》，大象出版社，2006 年，第 125～133 页。

两套辋板组成，每套辋板由 8 块弧形木板榫接而成。辋板上斜向开槽，在槽内镶装叶板，两套辋板夹住 24 组叶板。在辋板内缘面上钉装底板，这样辋板、叶板和底板共同构成 24 个斗式叶片。在轮辐和轮辐、轮辐和轮辋之间，穿装或附加了辅助木杆、细木杆等结构，以加强水轮的刚度和强度。轮轴端部箍有铁轴套，构成滑动轴承，与地面的石座相配合。

图 2–26　水轮轮辐之间的连接（张柏春摄）

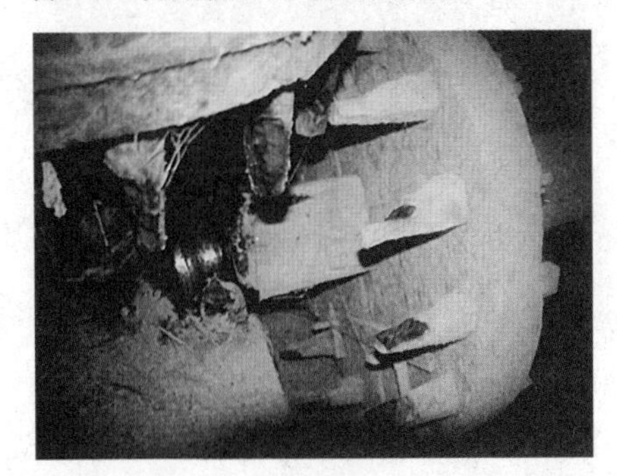

图 2–27　齿轮的啮合（张柏春摄）

用木楔将传动齿轮固定在卧轴上，形成静配合。卧轴上的传动齿轮与立轴上的平置齿轮相互啮合，以传递动力，驱动轮碾在碾槽内运转工作。两个齿轮的直径和齿数都相同，每个齿轮都由两块厚木板拼合而成。轮齿一端直接穿入轮板，以木销固定。当轮齿破旧损坏时，只要拔掉固定销，就可以拆去旧齿，换上新齿。齿轮啮合如图 2–27 所示。

碾轮与木轴通过方孔和木楔固定在一起，轴的另一端穿在轴座里。轴座里安装了一个滚珠轴承，与传统方法不同。木轴的另一个支点是一个月牙面的托架，托架与横装在立轴上的木碾轮架榫接在一起。碾轮木轴可以贴着月牙面转动，还可以绕着轴承这个支点上下摆动，以适应碾轮在碾槽内的滚动。碾槽由 10 段弧形石槽拼接而成。

通过水闸和泄水口来控制水流。关上水闸，打开泄水口，水轮停转，水碾便停止运转；关上泄水口，打开水闸，水流冲击叶片，水轮遂旋转起来。水轮卧轴端部的立齿轮与立轴上的卧齿轮啮合，将动力传递给立轴，立轴上的碾轮架遂驱动碾轮沿碾槽滚动。

除石碾轮、石碾槽、铁轴套、卧齿轮的铁箍环、立轴下端的铁轴段外，水碾的零部件大多是用杉木制作的。制作齿轮，特别是齿，要用硬木材，越硬越好。制作时，木头要干。所有木零件都不必涂漆。在整个水碾装置中，主要连接方式是榫、销、楔，基本上不用铁钉。新水碾一般用了5~10年之后，要维修一次。维护得当，一套好水碾可以用上一百年。

广西壮族自治区博物馆从龙胜县农村征集来的卧轴式水碾，其水轮采用了车轮式的轮辐，叶片结构与融水县杆洞乡高显屯的类似，但叶片数量较多，轮轴上也有铁箍，传动机构的布置与高显屯的也一致。碾轮的轮轴完全是传统的木结构，轮子绕木轴转动，轴杆并不转动。该水碾与高显屯水碾的主要差异体现在传动齿轮结构的不同上。龙胜水碾传动齿轮的结构和啮合方式与浙江开化县桐村镇水碓的传动齿轮基本相同。

3. 立轴式水轮驱动的水碾

张柏春等人调查的广西融水苗族自治县杆洞村碧河屯水碾，其驱动装置为立轴式水轮（图2–28）。[①] 立轴由两段木材连接而成，其上段穿过水轮室屋顶的滚珠轴承，与碾轮的轴架榫接；下端凿4个矩形通孔，依次穿装4根轮辐。轮辐中间开凹口，几个轮辐在立轴内相互交叉，靠木楔叠压在一起。轮辋分为8段，每段有一个内辋板和一个外辋板。用一根细木条将内外辋板穿接起来，木条内端穿以木销。内辋板和外辋板被镶入轮辐外段的凹槽里，在内辋板和外辋板上开对应的弧形凹槽，镶装叶片，叶片一般是由两片木板

图2–28　广西融水苗族自治县杆洞村碧河屯水碾的立轴式水轮（张柏春摄）

① 张柏春，张治中，冯立昇等著：《中国传统工艺全集·传统机械调查研究》，大象出版社，2006年，第134～140页。

构成。碾轮与铁轴的一端通过4个螺栓联结为一体，铁轴的另一端穿入轴座，靠近碾轮的一段贴在轴架的月牙面上，并用铁丝约束起来。碧河屯水碾碾槽与高显屯的水碾没有什么区别。当水流冲击水轮叶片时，水轮立轴带动碾轮轴架转动，碾轮随之在碾槽内滚动。碾槽、碾轮与铁轴如图2–29所示。

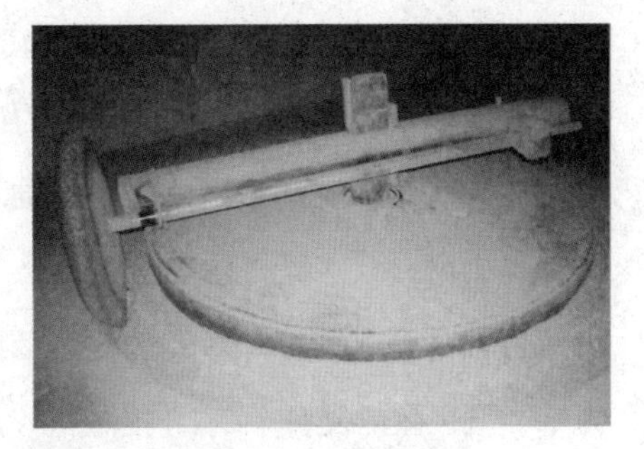

图2–29　碾槽、碾轮与铁轴（张柏春摄）

云南大理州南涧县南涧镇安定大队营盘生产队曾经使用的一部水碾，根据有关人士的描述可推知，采用的也是立轴式水轮，其工作原理和大致构造与明代徐光启《农政全书》中的水碾图的构造相近。

四、水力复合机械

1. 水力碓、磨、碾复合机械的产生与发展

水力碓、磨、碾等复合机械是在水碓、水磨、水碾等的使用基础上，通过将它们进行不同形式的组合应用，逐渐发展而来的。水力复合机械有水力碓、磨，水力碓、磨、碾，以及水力碓、磨、碾、砻等不同的组合应用类型，其功率要远大于水碓、水磨、水碾。其结构一般由立式水轮、传动齿轮和碓、磨、碾、砻等部分组成。

水力复合机械究竟始用于何时，尚难以考证。王祯《农书》中记载的水转连磨[①]，其立式水轮可驱动9个磨同时工作，轴首齿轮还可兼打碓轴，带动数碓工作。由此可见，在我国江南地区，至少在元代，立式水轮已被广泛用于驱动碓、磨等复合机械系统。明清时期立式水轮驱动的机械系统进一步复杂化。目前，在中国一些农村地区仍能见到这类传统水力复合机械系统的应用情景。

① 〔元〕王祯：《农书》卷二十“农器图谱十四”之“利用门”。

2. 水力碓、磨、碾复合机械的构造与传动系统

安徽歙县昌溪镇的水碓磨是水力碓、磨复合系统，应用的驱动装置是下激立式水轮。安徽绩溪家朋乡水碓下村使用的水碓磨复合机械，其动力机构是上激立式水轮，卧轴上箍接凸木，以传动碓；轴首装设木齿轮，轮齿旁打轴前磨上木齿，以带动石磨工作。安徽黟县龙池湾景点则陈设有水力碓、磨、碾的复合系统。

据张柏春、冯立昇等的调查，浙江省开化县华埠镇华民村曾经使用过一部下射立式水轮驱动的碓、磨、碾、砻复杂复合机械系统，当地称之为“托底碓”，借大河之水运转。[①] 华埠水碓是个多功能的粮食加工系统，它的水轮上还曾装过竹筒，兼作灌溉之用。不过，这套机械已于 1986 年 8 月左右被拆掉了。据修复和使用过它的老人们称，华埠水碓有 100 多年甚至更长的历史，晚清以来经过多次修复。过去镇上 2000 多口人，主要靠它来加工粮食。

星口乡方家庄的木工师傅程荣昌一家过去以制水碓为业。他继承父业，曾制作过 3 部托底碓。程荣昌多年前修复过华埠水碓，对它的构造参数记忆犹新。根据程荣昌等人的口头描述及对现场和残存件的测绘，张柏春等搞清楚了华埠水碓的基本构造和工作原理，绘出了华埠水碓的构造总图及零部件图（图 2–30）。

华埠水碓的下射立式水轮构造复杂。它共有 5 组 20 根辐，其中 3 组 12 根辐榫接在主轴上，另 2 组 8 根辐箍接在主轴上，箍接的优点是不降低轴的强度和刚性。辐、辋、叶片等的连接如图 2–30 右下部所绘，每个叶片由两块叶板和一根龙骨构成。水碓系统的各个齿轮的制作方法几乎完全相同，只是尺寸有别。齿轮的辐与轴也采用榫接结构。从动齿轮上要安装几个动配合的齿，以便于拔掉齿，实现齿轮的离合。

① 张柏春，张治中，冯立昇等著：《中国传统工艺全集·传统机械调查研究》，大象出版社，2006 年，第 154 ~ 160 页。

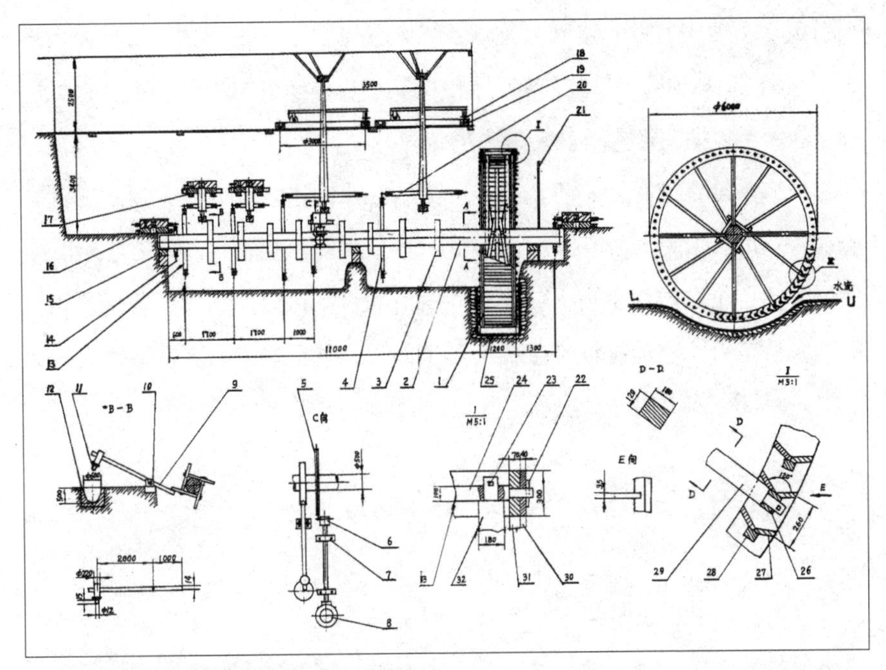

图 2–30　华埠镇水碓的视图（张柏春、冯立昇测绘）

1. 下射立式水轮，2. 主轴（Φ500），3. 凸板（8 副），4. 齿轮 A（Φ2800，2 个），5. 齿轮 B（Φ2500，1 个），6. 齿轮 B′（Φ580，2 个），7. 轴座（2 个），8. 砻（Φ500，齿轮 Φ580，1 套），9. 碓杆（16 个），10. 支架（16 个），11. 石碓槌（16 个），12. 石臼（16 个），13. 齿轮 C（Φ2500，2 个），14. 齿轮 D（Φ1300，2 个），15. 主轴座（3 个），16. 莲花磨（Φ1000，2 个），17. 高台磨（Φ1000，2 个），18. 碾轮（2 组 6 个），19. 碾槽（2 副），20. 齿轮 A′（Φ3000，2 个），21. 挡水板，22. 木销，23. 木销，24. 龙骨，25. 渠板，26. 龙骨，27. 叶片，28. 龙骨，29. 轮辐，30. 外辋板，31. 内辋板，32. 轮辐，33. 叶片

主轴与轴座之间，以及主轴和砻之间的传动轴与轴座，皆构成了滑动轴承。各立轴的下端轴承（即锥面铁轴端瓦）装在方木梁的锥形盲孔里。每组凸板的数目取决于轴径尺寸及实际需要，轴径大时凸板多，反之则少。当一组凸板为 3 个时，仍采用箍在轴上的结构。各组凸板间互成一定角度，使碓杆相继起落，以避免水轮瞬时负荷过大。

在主轴的两侧地面上布置了两组碓杆，第一组如图 2–30 左下部所示，第二组是 8 个所谓的“反碓”。反碓一侧安置了与主轴平行的辅轴，辅轴上安装一组凸板。水轮运转时，主轴上的凸板带动辅轴上的凸板，后者再压动反碓的碓杆，使反碓起落工作。

对轴承进行降温和润滑的方法有二：一是架竹杆，将水轮上部滴落的水引到几个轴座上方，水滴入轴承；二是在主轴上开浅水槽，于轴面上形成一螺旋线。当轴顺时针旋转时，水沿槽从右边逐渐流向左边，到达各轴承。螺旋的螺距根据轴径大小及转速来确定。

华埠水碓置于距江边不远处，开渠引江水冲击水轮叶片，使水轮运转起来，从而驱动整个系统工作。若要某一磨或碾等停止运转，就先关上水闸，拔掉从动齿轮上的几个齿，使齿轮间脱离啮合，再启动水闸；若想停用某一碓，只需用一根绳将该碓碓槌吊起来即可。关上水闸，水从溢水渠流入江中，则整个系统就会停止运转。

五、筒车

1. 引言

“筒车”是指一种用于引水灌溉的机械。可利用人力、畜力或水流冲击力，使挽水之筒相继随轮转动，至高处时，筒内之水自动倾入特设承水槽内。也称“筒轮”“天车”“水轮”“水车”等。

筒车最早究竟从什么时候开始使用，目前尚无力作考证论定。从文献记载来看，筒车的出现可能不晚于唐代。在唐刘禹锡《刘梦得文集 · 机汲》中描述的“汲机”即是一种筒车，《全唐文》卷九四八陈廷章《水轮赋》中所描述的“水轮”则是另一种类型的筒车。宋代以降，有关“水轮”的记载较多，如北宋李处权、梅尧臣、范仲淹、苏舜钦，南宋张孝祥，元王祯，明童冀、陆容、王临亨、宋应星、徐光启，清顾炎武、屈大均、查慎行等等，他们的作品中皆曾言及筒车。[1] 至20世纪五六十年代，筒车应用尚很多，现今仍有部分地区还在使用。

筒车始源于何处也是未解之迷。有人推测筒车等水力机械起源于南方，然后逐渐传播到北方[2]，可备一说。明清时期，筒车应用比较普遍，江西、

① 清华大学图书馆科技史研究组：《中国科技史资料——农业机械》，清华大学出版社，1985年，第148～223页。

② 吴曙光，赵玉燕：《我国最早开发利用水力能源的地域、时间及民族考》，《广西民族研究》，2002年第1期。

浙江、湖北、广东、广西、云南、甘肃、宁夏等许多地方，都有使用。在电力普及之前，对于那些不能引水灌溉，也没有井水、山泉可资利用的田地，若能用筒车予以汲水浇灌，无疑可极大地促进这些地方的农业生产。据记载，甘肃于黄河沿岸地区以前使用的筒车曾多达361架[①]，可以想见当地筒车应用的宏大规模，筒车在当地农业水利上所发挥的作用也是相当巨大的。

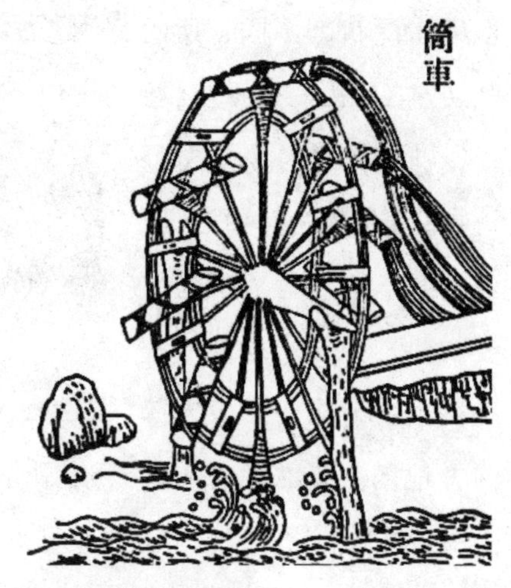

图2–31　王祯《农书》筒车

2. 筒车的类型

按结构和驱动方式的不同，元王祯《农书》将筒车分成四种类型[②]：

（1）流水筒轮（图2–31），单轮，以流水之力驱其运转，引水上岸；

（2）驴转筒车，在上述筒车近岸一边再安装一对啮合的竖轮和平轮，于平轮之下，驱驴拽转，通过齿轮啮合传动，把动力传递给筒车，从而实现汲水上岸的目的；

（3）高转筒车，适用于近水岸高的田地，在水边和高岸上各安置一轮，以索系筒悬于两轮间，以人力或畜力拽转上轮，如此筒斗相继入水，汲水而上，倾入岸上槽中，循环不已；

（4）水转高车，在流水高岸侧，可如高转筒车设两轮，下轮在流水驱动下运转，将流水引至高处。

第一、四两种类型筒车适于流水，第二、三两种类型筒车用于池、湖之类静水的汲取。第一与二、第三与四类型筒车水轮部分的结构可分别相同，

① 朱允明：《甘肃省乡土志稿》（非正式出版物），见第十章第五节“机器灌溉工程”。
② 〔元〕王祯：《农书》卷十九“农器图谱十三”之“灌溉门”。

但因水源状态不同，所用驱动方式也因此有所差别。

以制作材料来划分，可将筒车区别为两种类型：

第一种以竹、木为主要材料，一般尺寸规模较小，应用于广西、云南等南方地区；第二种以木材为主要材料，轮廓尺寸较大，直径最大的可达 20 米，这种类型的筒车主要在黄河沿岸使用。

图 2–32　广西凤山县袍里乡坡心村林那屯筒车（张柏春摄）

下文关于筒车构造和制作的介绍，即以此两种类型筒车为代表。

3. 筒车的构造和制作

第一种类型的筒车，水轮部分主要由轮轴、竹箭（又作轮辐）、竹圈、叶片和竹筒等部分组成。张柏春等在《传统机械调查研究》一书中对此种类型筒车（图 2–32）的制作有详细介绍①，这里略述一二，以见概貌。

张柏春等考察的筒车，设在广西河池地区凤山县的风景区“水源洞”，即袍里乡坡心村林那屯的坡心河畔，那里架设有一大一小两架筒车，当地人称之为“水车”。大筒车直径约 9 米，小筒车直径约 6.4 米，两者结构和制作方法相同。两筒车所有构件之间的连接都不用铁钉，只用木材榫接、竹材编结、藤条捆绑等方式。其建造主要由三大步骤、多道工序组成：

（1）修建筒车基础、立桩搭建支架

首先要建造拦水墙，以便能够很好地利用水流的冲力。

其次依据水轮半径定出用于支撑轮轴的立桩高度，水轮半径可根据提水高度来确定。两侧立桩之间的距离则可参照轮轴的长度确定下来。在立桩上搭建支架，以支撑轮轴、承水槽和输水管。

① 张柏春，张治中，冯立昇等著：《传统机械调查研究》，大象出版社，2006 年，见第二章第一节“筒车”。

（2）制作、安置水轮及其零部件

制作安放轮轴。轮轴中间部分粗大，便于插装竹箭，两端削细成对称的细轴颈。选取两段粗木头，在中间凿开一圆孔，制成“牛耳”（即轴座）。将牛耳放置在支架的横杆上，把轮轴两端轴颈穿入两根牛耳的孔中。然后利用水平尺，将木轴调整到水平位置，再用藤索将牛耳捆绑固定，有时需在藤索与牛耳之间插入木楔加固。

插装竹箭与编竹圈。根据水轮周长，计算出每组竹箭的数量和竹箭之间的距离，在轮轴中间粗段的两端，相距合适距离的地方放线，凿开一系列小孔，以便插入两组竹箭。两组孔的距离不能太近，也不能太远。每个孔里只插装一根竹箭，相邻两根竹箭孔要沿着轴向错开一小段距离。选取挺直、直径长度尺寸合乎要求的竹箭，削尖粗端，用锤子将其打入轴上小孔。在轮轴两端的圆周上，先后打入 8 根成对应两组的竹箭。同样，在轮轴另一端的对应位置也插装 8 根竹箭。然后，将轮轴两端对应插装的竹箭交叉在一起，在交叉点的内外各编制一个竹圈，用藤条把两个竹圈捆扎起来。这样，边往轮轴上插装竹箭，边编制竹圈，直到装完全部竹箭、编完两个竹圈为止。接着沿竹箭末梢（箭头），用小竹条系结编制最外边两个直径相同的竹圈，以藤条系扎牢固，再用藤条捆扎结实每一对竹箭的交叉点。为了加强水轮体的强度和刚度，在水轮的两侧各捆扎了 4 根竹竿，竹竿与竹箭的各个交叉点都以藤条捆扎起来，呈两个对称的正方形。

编装叶片。以楠竹片编制好叶片，再用藤条将它们牢固地绑到竹箭末端。叶片宽度根据每对竹箭头的距离来确定，使叶片外缘距墙壁 15 厘米左右，底缘距地面 10 ～ 15 厘米。

（3）安装竹筒、承水槽和输水管

利用天然竹节制作一端封底、一端开口的盛水竹筒，用藤子把竹筒捆扎到最外侧的两个竹圈上，竹筒与竹圈夹一个锐角。按提水量的大小制作承水槽，并把它安装到支架上。槽的位置比水轮最高点低 40 ～ 60 厘米。

做槽的材料通常是杉木，最好是用铝板。竹制输水管（水梁）与承水槽相接，架在空中，通向田间。

筒车工作时，水流冲击叶片，水轮随之转动。竹筒随轮运转，在最低处装满水，转到最高处时将水倾入承水槽。承水槽里的水再通过输水管流到田里。在筒车的上游，安设一个木板水闸。合上水闸，没有水流冲击，筒车就停止运转。

第二种类型的筒车，水轮部分主要由车轴、大辐条、小辐条、穿撑、网线、登棍子、刮水板和水斗等部分组成。兰州水车属于这种类型筒车，2007 年 7 月，关晓武和黄兴赴兰州，对当地水车进行了调研，访问了段怡村（国家非物质文化遗产名录首批入选项目“兰州水车制作技艺”的主要传承人）和欧阳力强等兰州水车制作技艺传承人，并对兰州西固区新城乡下川村现存的水车（图 2–33）进行了考察。

通过访谈和现场考察，结合文献资料[①]，我们对兰州水车的构造（图 2–34）和制作安装有了初步了解：

先建水渠，架码口。码口为支托水车全部重量之立柱，共四根，下端砌于石墩内，上部支承托梁。托梁承托车轴，因筒车甚重，多用两根或三根木料层叠制成复梁。段怡村说复梁可用于调节水轮高度，以适应一定范围内的水位升降变化。

安置车轴。车轴为硬木制成，直径有的可达一米多，两端包以生铁铸造的铁圈，称为“锈筒”。托梁之上置“仰盂”，用以承托车轴。车轴两端面制成八边形，便于起吊安装定位。

安装大辐条和小轮。自轴心向四周辐射的长木撑条，称为大辐条。两根合成一对，一端嵌榫于车轴上。大辐条数目均为偶数对，小车约十对，大车有至二十对的。一对大辐条间起连接固定作用的撑条为小轮。

---

① 王树基编著：《甘肃之水利建设》，甘肃省银行总行发行，甘肃省银行印刷厂印刷，中华民国 34 年 4 月出版，见第四章“机械灌溉工程”。

图2-33 甘肃兰州西固区新城乡下川村水车(关晓武摄)

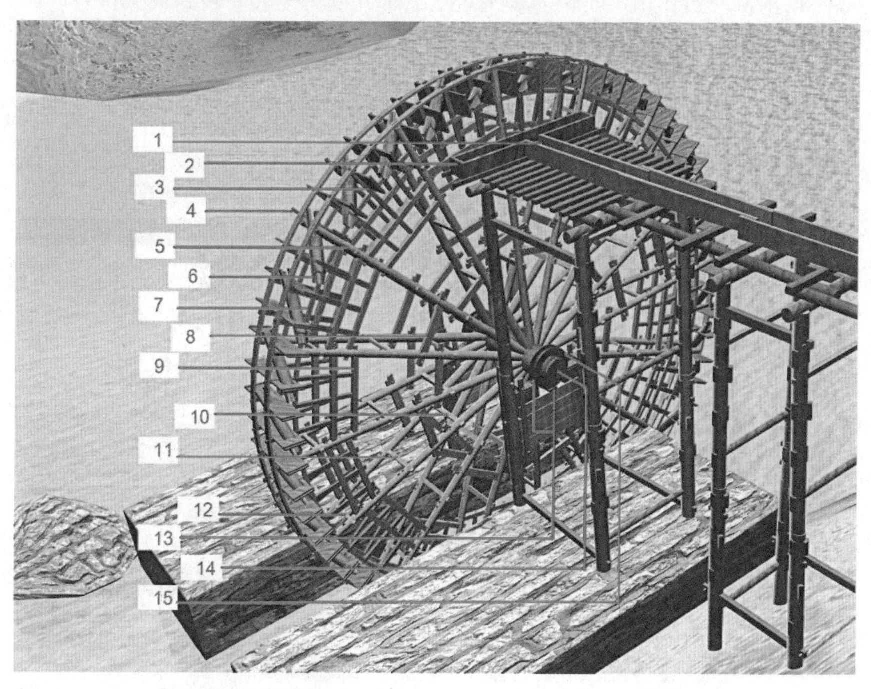

图 2-34 甘肃省兰州市黄河大水车构造图（黄兴绘制）

1. 输水槽，2. 受水槽，3. 小辐条，4. 刮水板，5. 大辐条，6. 水斗，7. 登棍子，8. 小轮，9. 穿撑，10. 开档桄，11. 中桄，12. 收头桄，13. 仰盂，14. 轴，15. 锈筒装设小辐条与穿撑。大辐条外端间隔较大，在中间加插小辐条，以增加强度。小辐条一端嵌榫于网线与登棍子，另一端钉于穿撑上，两根成为一对。一般大辐条间，有小辐条三对。穿撑为大辐条之间的支撑条，用以加强大小辐条，固定它们的位置。

上网线与登棍子。筒车最外一圈为“网线”，共两道，大辐条一端，即榫接于此。网线之内层圆圈为“登棍子”，系以两道木条，钉于大辐条上，起固定大辐条位置的作用。

安设刮水板和水斗。刮水板为筒车悬挂水斗、接受水流冲击力的部分，镶钉于每对大小辐条及网线与登棍子之间。水斗为方形深桶，以木板钉成，斜挂于水板上，水斗数量可根据水流大小加以调整。

在安装过程中，车轴可能需要转上 4～5 圈，才能最终安装完毕。

每当春季河水解冻，黄河水涨时，由拦流石坝迎引水流于石墩间的狭港，水轮在水流冲击作用下，转动起来，轮上水斗随之运转，转到最低位置时，装满水，转至高处倾水入由“莺架”支托的“掌盘”，所汲之水再经“淌水槽”引至田间，供灌溉之用。“淌水槽”系以三块木板钉制而成，一端为大口，

图 2–35　兰州水车博览园中的黄河水车（冯立昇摄）

一端为小口，连接时即以小口套于大口内，亦以莺架支托。水车旋转不已，水斗前起后继，掌盘内之水流，就能够源源不断输送至田地里。

电力应用普及以后，电力灌溉很快取代了传统的水力灌溉方式，筒车逐渐退出了历史舞台，现在只有极个别地方还在坚持使用筒车。近些年随着国家对非物质文化遗产进行保护与抢救工作的开展，不同类型的筒车在一些地方兴建的旅游景点里得以多种方式再现（图 2–35）。

第四节　风力机械①

中国风车又称风转翻车、风力水车、风力翻车。有立轴式和卧轴式两种，主要用来驱动水车。风车上有风轮，叶片是帆式的，就像帆船的布帆那样。利用风力（气流）推动风轮的叶片，将风的直线运动变为叶片绕风轮轴的转动，从而驱动风轮旋转，带动装有龙骨板叶的木链转动，龙骨板叶上移，刮水上岸。

风车的最早记载见于南宋刘一止（1078—1161）《苕溪集》。元代任仁发《水利问答》记述了今天的浙江一带，广泛采用风车灌溉农田和排涝。明代，徐光启《农政全书》记载，“近河南及真定诸府，大作井以灌田”，“高山旷野或用风轮也”。明代，宋应星《天工开物》记载，扬郡（今江苏省扬州、泰州、江都等地）“以风帆数扇”驱动翻车“去泽水以便栽种”。

一、立轴式风车

1. 引言

中国传统的立轴式风车，又称立帆式风车或大风车。立轴式风车是具

① 第四节风力机械的内容主要引自张柏春，张治中，冯立昇等著：《传统机械调查研究》，大象出版社，2006 年，见第三章“风车”。

图 2–36 民国时期的营口盐田汲水风车

有自动调节功能的风力机械，被用来为水车提供原动力。在使用时，只需对风车风篷的帆索进行简单的调整，便能适用于各种风向，使风车始终保持最佳的迎风状态，从而有效地将风能转化为机械能。立轴式风车的构造和操控原理迥异于欧洲和西亚的传统风车。这种颇具地域特色和技术特征的风车被英国科学史家李约瑟称作是一个具有巨大利益和使用价值的发明，曾在中国沿渤海地区和东南沿海，广泛应用于农业灌溉和制盐生产中作提水用的龙骨水车的原动力（图 2–36）。

早期对风车的记载过于简略，没有指出装置的结构形式及叶片（风帆）的数目。明代童冀的《水车行》对零陵使用的立轴风车的情景做了如下描述：

零陵水车风作轮，缘江夜响盘空云。轮盘团团径三丈，水声却在风轮上……轮盘引水入沟去，分送高田种禾黍。盘盘自转不用人，年年只用修车轮。

清中叶，周庆云在《盐法通志》卷三十六里记述了立轴式风车的构造原理：

风车者，借风力回转以为用也。车凡高二丈余，直径二丈六尺许。上安布帆八叶，以受八风。中贯木轴，附设平行齿轮。帆动轴转，激动平齿轮，与水车之竖齿轮相搏，则水车腹页周转，引水而上。此制始于安凤官滩，用之以起水也。长芦所用风车，以坚木为干，干之端平插轮木者八，如车轮形。下亦如之。四周挂布帆八扇。下轮距地尺余，轮下密排小齿。再横设一轴，轴之两端亦密排齿与齿轮相错合，如犬牙形。其一端接于水桶，水桶亦以木制，形式方长二三丈不等，宽一尺余。下入于水，上接于轮。桶内密排逼水板，合乎桶之宽狭，使无余隙，逼水上流入池。有风即转，昼夜不息。……

又按：一风车能使动两水车。譬如风车平齿轮居中，驭使两水车竖齿往来相承，一车吸引外沟水，一车吸引由汪子流于各沟内未成卤之水。

图 2–37　民国时期盐田汲水风车

1957 年八一电影制片厂拍摄的电影《柳堡的故事》，是在江苏省苏北的宝应县实景拍摄的，影片镜头中有不少立轴式风车及其龙骨水车实地使用的画面，从中可以看到立轴式风车的运行情况。随着现代机械化排灌方式在农业中的普及，20 世纪 80 年代中期风车已经彻底被电动水泵或内燃机水泵代替。

图 2–38　汉沽的大沽附近的立轴式风车

2. 汉沽的立轴式风车

据调查，20 世纪 50 年代初，仅渤海之滨的汉沽塞上区和塘大区（天津市东部）就有立轴式风车 600 部，其中一部风车及其大齿轮、风帆（风篷）等的构造如图 2–37、图 2–38、图 2–39 所示。

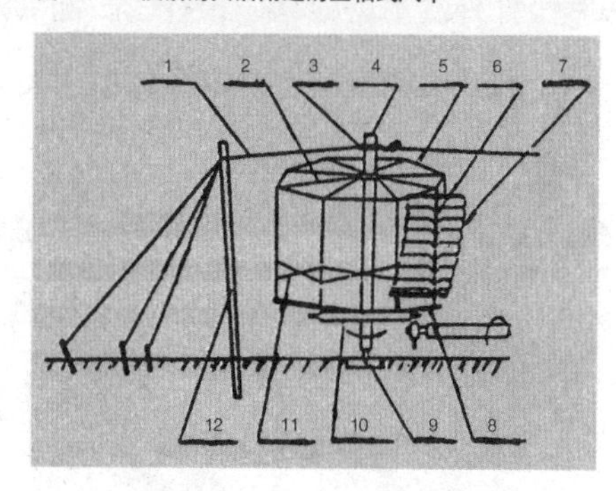

图 2–39　汉沽立轴式风车结构简图（陈立绘）
1. 扬绳（4 根粗铁丝或木杆，拉在大柱上），2. 辐杆（伞盘秤），3. 铁环（将军帽），4. 立轴（大将军，直径大于 8 寸，高 22 尺），5. 旋风缆，6. 桅杆（小桅子），7. 风帆（风篷，8 个），8. 座杆，9. 针子（锥形铁轴端），10. 平齿轮（车盘，车圈，直径 10 尺，88 个齿），11. 篷子股（支杆），12. 大柱［括号内所注为别名与规格］

这种风车的框架结构形似八棱柱，立轴上部镶接 8 根辐杆。桅杆与辐杆、座杆、旋风缆、篷子股相连，挂上风帆，即构成风轮。立轴与铁环的配合，以及针子与铁轴托（铁碗）的配合，构成了两副滑动轴承。平齿轮固定在立轴下部，与一个小的竖齿轮（旱头，有 17 或 18 个齿）啮合。竖齿轮通过其方孔，装在直径约 7 寸的大轴上，并可在轴上左右移动，以实现齿轮的啮合与分离，起离合器的作用。大轴上装有主动链轮（水头，12 个齿），驱动龙骨。

风帆的构造原理与中国式船帆无异。每面帆以藤圈套在桅杆上，上端系游绳（升帆索），吊挂在辐杆的滑车上。帆靠近立轴一边用缆绳（帆脚索）拉系在临近的一个桅杆下部。通过收放游绳来调节帆的高低及帆的受风面积。风吹帆，推动桅杆，使立轴和平齿轮转动，带动翻车。风压与帆的面积、升挂高度及安装角度有关。风大时，一个平齿轮可驱动两台甚至三台翻车。

启动风车时，用绳子拴住座杆，使风车静止，让平齿轮与竖齿轮啮合，视风力的大小用游绳把风帆升到一定的高度，将系着游绳的挂绳木卡挂在桅杆的小木钉上，放开拴座杆的绳子，风车即开始驱动翻车。止动时，在距座杆外端不远处立一根杆子，随着风车的转动，依次将挂绳木从小木钉上击脱，风帆遂落下，风车停转。也有不用挂绳木和小木钉，而用小铁钩和铁环的。

在风车启动之前，调节转速的主要措施是选择风帆的升挂高度，另一方法是增减缆绳的长度，即改变风帆与缆绳及风轮半径方向的夹角。通常转速为每分钟 8 转左右。风力过大时应停止使用。否则，转速超过翻车及转动系统允许的范围时，将损坏整套装置。

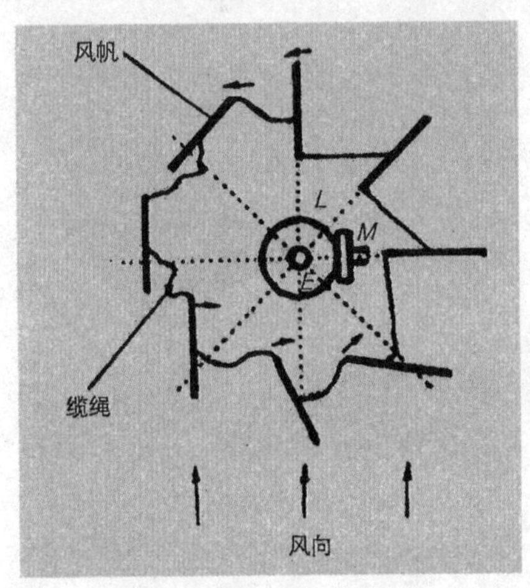

图2-40　风帆自动调节原理示意图(刘仙洲绘)

立轴式风车最为巧妙之处在于风车运转过程中风帆方向的自动调节（图 2-40）。每当风帆转到顺风一边，它就自动趋于与风向垂直，所受风力最大；当风帆转到逆风一边时，就自动转向与风向平行，所受阻力最小。这一原理使得风车不受风向变化的影响，也不改变旋转方向。

3. 射阳立轴式风车[①]

1959年江苏省的卧轴式和立轴式风车曾多达20余万架。20世纪60年代，盐城、建湖、大丰、阜宁、响水、射阳、赣榆等地仍用风车。1993年，苏北还在用卧轴式风车。

2006年，在张柏春、林聪益、张治中及孙烈主持下，在江苏省射阳县海河镇，请匠人陈亚等师傅采用传统材料及工艺制作了一架立式风车（图2–41）。

陈亚，海河镇清河村人，72岁，小学文化程度。据陈师傅自己讲，他十几岁时学会了木工手艺（未正式拜师），20世纪50年代曾亲自制作过一部大风车。虽然当时已少有人家再添置新风车，但直至60年代末，陈师傅仍接过不少修护风车的零活，手艺也并未荒疏。陈师傅对风车的结构了然于胸，对主要部件的尺寸有准确的记忆，他在家中一直仔细保存着当年制作风车的一套专用量具。

在以往制作风车时，一般由一名师傅领头作总负责，3～5名其他师傅或学徒配合。复原从2006年4月中旬选材开始，至2006年年底风篷制作完成，时间跨度长达8个月，实际工期总共约70天时间。复原制作包括备料、加工与安装三个主要的环节，它们在时间安排上略有交错。

（1）备料

备料主要包括原材料的选购和初加工，在实际操作中涉及收集市场信息、选材、运输、存放、下料、时效处理等环节。[②]对于木料，存放时需考虑晾晒、除湿、防霉等处理，而对于所需铁件则主要是联系铁匠师傅，确定材料和工艺要求。在过去，农家若想请师傅做风车，选材、干燥等备料

① 该小节主要引自孙烈，张柏春，张治中，林聪益：《传统立轴式大风车及其龙骨水车之调查与复原》，哈尔滨工业大学学报（社会科学版），2008年第3期。

② 各环节名称为作者所加。

图 2-41 制作与调查大风车时的情景（张柏春摄）

工作在几年前就要开始着手。

选材得当与否不仅直接影响加工，而且也是复原是否“原汁原味”的重要判断依据。陈亚等师傅都曾说，能否用老法子做出风车，关键是材料。复原工作正式启动后，陈师傅进一步提供了立轴式大风车主要部件的尺寸与材质要求，以此作为采买原料的依据。制作大风车所需原料及主要的技术要求如表 2–2 所示。

表 2–2　大风车所需主要原材料

材料名称	主要用途	要求	实际规格 / 数量
杉木	车心、跨轴、挂、桅、撑心、幢、梿担等	车心、跨轴要求原木长度 6～8 米；其余杆材的长度要求 5～6 米为佳	大端 Φ≈20～40 厘米， L≈6～8m,40 根
桑木	大锕、小锕、旱拨、水拨、槽筒、鹤子、将军帽、提头、铃铛、游子等	原木直径大于旱拨、水拨的直径的要求；长度大于一段大锕；最好略弯，曲率与大锕近似	拨：Φ≈70～110 厘米， 其他： L≈180～220 厘米
柳木	棑板	原木直径大于槽筒宽度	Φ≈40 厘米， L≈2.5 米
竹竿	帆篷、逼棑	青竹，直径约 10 毫米[1]	Φ≈10 毫米， L>2～3 米，90 根
榆木	提头	直径 30～50 毫米	M=1.5 米， L=72 米
蒲草	帆篷	成熟的蒲草	40 千克
帆布	帆篷	在蒲草成熟前作帆的替代材料	M=1.5 米， L=72 米
稻草	帆篷	成熟的糯稻草	5 千克
铁丝	软吊、帆篷、天轴缆	粗细适中	Φ=5 毫米
洋圆[2]	大缆	不能太细	Φ=10 毫米， L= 30 米

① 陈亚师傅说粗细要有“小拇指粗细”，过粗或过细都不合适。
② 当地人对钢筋或粗铁丝的称谓。复原时采买的是普通光圆直条钢筋（一级钢筋 HPB235）。

续表

材料名称	主要用途	要求	实际规格 / 数量
钢丝绳、卡头	大缆	足够的强度	Φ=8 毫米
麻绳	帆	2～3 股的细麻绳	Φ=3 毫米 L=15 米
桐油	水车、风车		20 千克
铸铁	钏	保证曲面弧度和适当的光洁度	8 千克
锻铁	天拢、地拢、铁钩、金刚镯、花盘、长钉、大缆圆环等	尺寸准确，接缝牢靠	15 千克
石材	石桩、车心石	重量不能太轻，车心石端面平整	石桩，四根 车心石，一个 500 千克

制作大风车与水车的主料是杉木与桑木。[①]市场调查反馈的信息显示，杉木比较容易找到，尺寸较大的桑木原材却难以寻觅，而树径大于 70 厘米的桑树（树龄一般在 30 年以上）在市场上更是稀少。不仅是木料，有些原先看似不起眼的辅料在时隔多年后也会成为稀罕物。例如，购买帆篷所需的细麻绳就颇费周折，因为在当地的市场上，细麻绳几乎已完全被尼龙绳取代了。此外，备料还需考虑季节等因素的影响。尤其是大风车的帆篷，传统做法需用到蒲草和糯稻草，而这两种原料待秋后成熟才可用。

采买到的原料一般需要经过初加工再使用，木料尤其如此。原因主要有三：下料的需要；利于木材的去潮和时效处理；判断原材料充足。

下料的主要工序是去皮、画线和切割。下料方案的优劣直接影响原材料的利用率和后期加工的效率，进而影响原材料成本和成品的质量。陈亚

① 在过去，若条件允许，桑木与杉木可分别用材质更好的樟木与柏木替代。

师傅的下料原则大体按“先大后小”（先考虑大件，再考虑小件）的原则进行。此外，他还考虑到了材质、尺寸、加工余量、弯曲程度、纤维方向与结疤位置、木材所含水分等，下料中主要依据经验来综合判断。其中，用于拼接为风车大齿轮的12段大辋与小辋的下料难度最大。这几段近似圆弧形，后期加工的精度要求高，而且还需留出做时效处理的变形量。陈亚师傅下料的大致顺序如下：

桑木（长材）→大辋→小辋→将军帽→溜子→棰→鹤子→铃铛

桑木（短材）→旱拨→水拨→棰→杌掇子→鹤子→铃铛→枧子

杉木→车心→跨轴→幢→桅→槽筒→支穿→羊角→撑心→剪→挂

柳木→拂板

榆木→铃铛提头

竹竿→帆骨架→逼拂

几乎所有的木器加工都需要选用充分干燥的木料，制作大风车亦然。此次选购的桑木湿度较大，通过断面切割与钻眼取样发现，多数桑木的湿度在50%左右[①]，必须要做除湿处理，否则在成品阶段木料有发生翘曲变形、开裂或霉烂的可能。受条件和时间的限制，陈亚师傅采取的方法主要是对初加工品采用通风、晾晒（但避免暴晒）等自然时效的手段，处理的时间大约有一个半月的时间（在5～7月份）。

（2）加工

加工是整个复原制作中最关键的步骤，而传统木作技艺则是制作立轴

① 表皮下2公分以下的取样木屑，颜色、形状、手感等都与干燥木屑差别很大。

式大风车的最主要的加工工艺。在加工前，陈亚师傅并没有现成的图纸，他对技术细节的把握来自于他的记忆、经验和专用量具。除木工外，还有草编、铁件铸造、铁件锻造、线缆绞线等辅助工艺。

①木作之一：车辋的加工

车辋是一个尺寸较大的轮辐式圆柱齿轮，外周直径一般为3.2～3.5米。木工称此齿轮的齿为“棰”。从功能上来看，大风车的车辋与旱拨、水拨、链条及水齿形成一个完整的传动链，其传动顺序如下：

车辋→旱拨→跨轴→水拨→龙骨→杌掇子

在所有零部件的加工中，用工最多、难度最大，也最能反映大风车精细制作特点的是车辋的加工。由于车辋的尺寸大，为便于选材与加工，采用了分段多键连接的结构：车辋的辋身被分作六大段，即有6个大辋，每个初成品的长度约1.9～2.1米，厚度约40～50毫米。车辋全部用桑木制成，其加工特点是尺寸大、精度高、木材质地坚硬、加工面的种类与数量多。车辋的加工大致可分作七道工序。

工序一——大辋的粗加工。此次加工的对象主要是平面与大圆弧曲面，同时要为后续的加工与调校留有加工余量。

工序二——大辋的精加工。处理后，各段大辋应能拼接成为一个圆环形的辋身。

工序三——大辋凹槽的加工。

工序四——小辋与榫卯结构的加工。

工序五——开凿88个棰孔（通孔）与8个穿子孔（沉孔）。[①]

工序六——棰的加工与安装。

工序七——调校棰头。使88个棰间距一致，各棰头的端面（齿顶圆）都基本在一个圆柱面上。

在加工中，除直尺、角尺、墨斗和画笔外，最重要的也最特别的是一

① 棰，风车大齿轮的轮齿；穿子（木），相当于辋身的轮辐。

套专用于车辋加工与装配的量具。据陈亚师傅介绍，它的制作时间不会晚于 20 世纪 50 年代。该量具可以确定车辋半径，大辋厚度，大辋—大辋间端面的位置，大辋—小辋间端面的位置，大辋齿孔的位置，棰孔的宽度，小辋厚度，小辋—大辋间端面的位置，小辋棰孔的位置，棰身的宽度、倾角，棰头的啮合位置等十余个量。经实际测量，此套量具的径向误差约 1～2 毫米，周向误差约 0.5 毫米。

所用的木工工具是所谓的“木工四大样”——刨、凿、斧、锯，但也分大、小不同的型号。木工锯、刨子、凿子、斧子是主要的加工工具。此外，所有圆弧曲面均在画线后，用钢丝手锯切割。在加工大、小辋的水平平面和凿孔时，由于加工量大，为减轻劳动强度，陈亚等师傅使用了电动木工机床与电动手钻辅助完成粗加工。加工车辋的用工量基本占全部风车和水车用工量的 60% 左右，其中计算、画线、调校与榫卯结构的加工等工艺过程全由陈亚师傅一人承担，仅在锯木、凿孔等重体力工作时，技术较好的中青年木工师傅才有可能助一臂之力。

②木作之二：槽筒、旱拨与水拨的加工

槽筒由筒身、链条、水拨和杌掇子等部分组成。槽筒的筒身为箱形结构。使用时，其底端的一部分在水面以下，而顶端与跨轴上的水拨（主动链轮）相接。水拨的转动带动链条与槽筒底端的杌掇子（从动链轮）转动，从而实现链节上的梻板连续提水。槽筒的加工工序流程如下。

槽筒主体 → 搭楔子 → 行梻 → 杌掇子 → 龙骨

↓调校

杌掇子 → 水拨

槽筒加工工艺的特别之处在于其自身结构的两个特点。一是较长的筒身，此次复原制作的槽筒较长，近 6 米，可适用于较高的水头；二是低拱形筒身，陈亚师傅所制作的筒身并非如古今龙骨水车示图中常见的直线形，而是中间略高的低拱形，以减少梻板与槽筒中段底板的间隙，保证提水效率。

图2–42　水拨制作（张治中摄）

杌掇子安装于槽筒底部，其功能为从动链轮，有六根水齿。水齿的外形扁而宽大，以齿顶作为与龙骨的啮合部位。杌掇子的加工制作过程为：先加工杌掇子的轮身，开凿 6 个均匀分布的沉孔，并安装水齿；根据水齿与槽筒底板的距离，初定一个适当的齿高；将所有水齿截为等高，测量各个齿间距，以最大间距的两齿为准，调校其余齿间距。

龙骨属于齿形链条，每个链节由梻板、鹤子、枧子与逼梻四个零件组成。当链条在行梻上做回程运动时，为防止梻板脱离凸肩，在梻板前装有一个小固定销——逼梻。链节的头部与端部凿有圆形通孔，连接时，一个链节的端部连接另一个链节头部，用枧子穿连。由于每个龙骨链节的零件都可以互换，因此它的加工类似一个标准件的生产与装配的过程。

旱拨与水拨是风车与水车之间的传动部件，位于跨轴（传动轴）的两端，分别与大辋、龙骨链条连接。旱拨由一个近似圆柱形的拨身与均匀分布的 18 根棰组成，其功能相当于一个从动齿轮，与车辋啮合而旋转，从而带动跨轴转动。与车辋相比，旱拨尺寸小且结构简单，主要有四道加工工

图 2–43　复原的大风车。安装在南台科技大学校门口

序：加工拨身、凿孔并安装棰、调校棰间距与安装铁箍。水拨的加工工艺（图 2–42）与旱拨、机掇子的基本相同，相比而言，水拨仅在外形上有两点不同：水拨齿的外形与机掇子一样是扁齿，而非柱状的棰；水拨有 9 个水齿，其拨身与跨轴通孔的直径比旱拨的小，但比机掇子的大。加工旱拨、水拨和机掇子最关键的是保证齿间距相同。

水拨加工完成后，试着与龙骨链条、机掇子配合，一方面校验水拨齿与各链节的啮合是否正常；另一方面可以确定龙骨的链长，去掉冗余的链节作为维修用的备件。

零部件制作完成后，遵循传统，在正式架车前须择吉日举行祭拜仪式。复原的大风车（图 2–43）安放在台南市南台科技大学校门口，成为一道景观。

二、卧轴式风车

1. 引言

明末清初学者方以智所撰《物理小识》记："用风帆六幅车水灌田者，

淮、扬海皆为之。”清代曾廷枚《音义辨同》卷七又记：“有若水车桔槔，置之近水旁，用篾篷如风帆者五六，相为牵绊，使乘风引水也。”

与近代的记载和实物相比较，可以肯定，以上所记载的装置是一种可挂三至六面风帆的卧轴式风车（图 2–44）。因它的轴是斜卧的木杆（现代

图 2–44 江苏吴县的卧轴式风车

有用钢管的），故又被称为斜杆式风车。这种风车主要被中国东南沿海地区的人们使用。1947年电影《一江春水向东流》拍摄了这种风车的运转情景。

2. 江苏的卧轴式风车

1993年5月，根据机械工业部风力机项目办公室祁和生高级工程师提供的线索，张柏春和冯立昇到苏北寻访传统风车。在连云港市连云区科委李敏新高级工程师，市能源办公室徐贞柏、贾乃和工程师，赣榆县盐务局王彩金先生等帮助下，张柏春和冯立昇在江苏省赣榆县盐场柘汪乡西林子村考察并测绘了卧轴式风车。当时，那里还使用着10多架卧轴式风车，用于驱动翻车提盐水，且即将被现代螺旋桨式风力机取代。

张、冯拍摄了一架离村子较远、位于海边的卧轴式风车及其驱动的翻车（图2–45、图2–46、图2–47）。张、冯还在盐场的院子里看到了一些堆在地上的风车和翻车零部件，包括木制齿轮、人力翻车的主动链轮及其摇柄。张、冯测绘了图2–45中的那架风车，画出了它的机械视图（图2–48）。

图2–45　卧轴式风车及其驱动翻车（对着风帆一侧，张柏春摄）

主动齿轮的卧轴与从动齿轮的立轴通过睡枕连接起来（图2–49）。主动齿轮、双轮、竖齿轮的直径和齿数均相同（图2–50）。图中，22为轮毂，23为铁箍，24为木齿。双轮实际上是在一个较长的

图2–46　卧轴式风车及其驱动翻车（张柏春摄）

图2–47　运转中的翻车（张柏春摄）

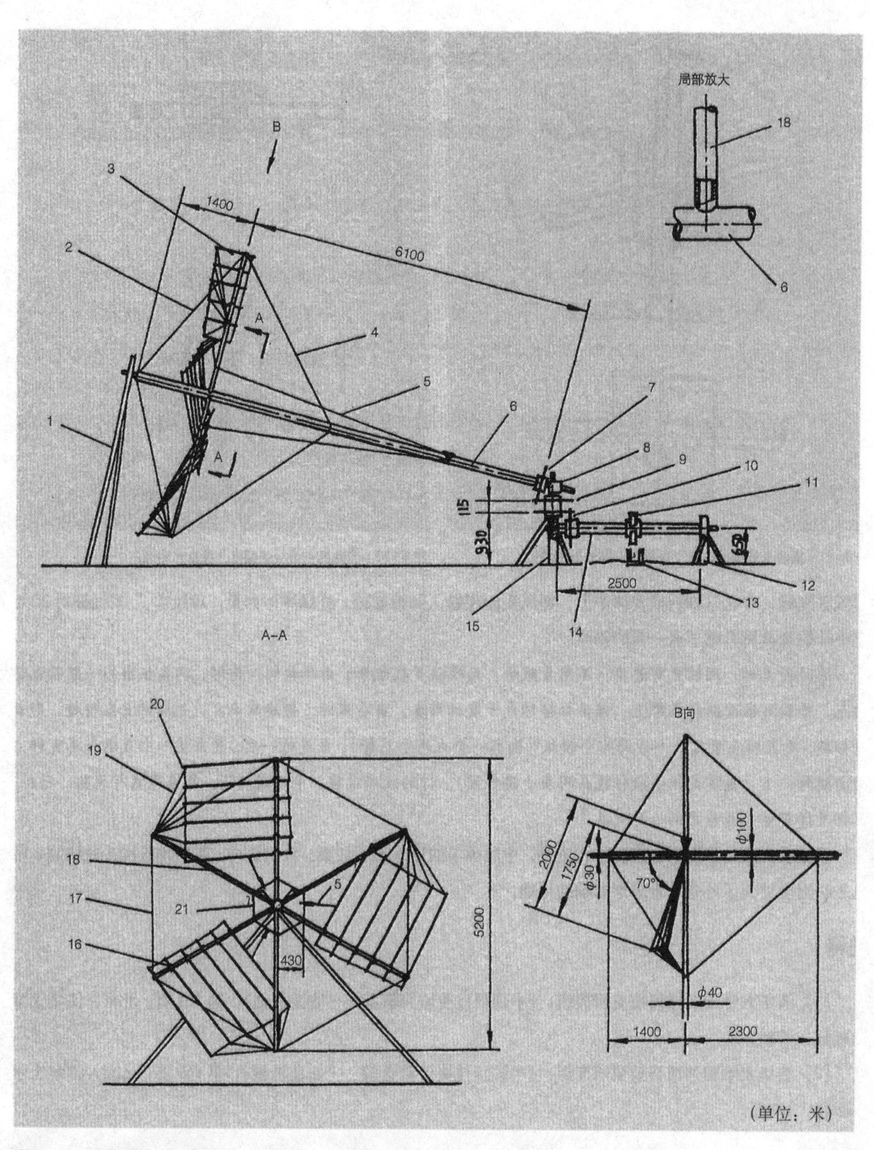

图 2–48　赣榆卧轴式风车视图（张柏春、冯立昇测绘）

1. 人字支架，2. 弦绳（铁丝），3. 风帆（布质），4. 弦绳（铁丝），5. 游绳（升帆索），6. 卧轴，7. 主动齿轮，8. 睡枕（木轴座），9. 双轮，10. 竖齿轮，11. 主动链轮（拨轮），12. 支架，13. 翻车水槽，14. 大轴（Φ140），15. 支架与铁立轴，16. 绳圈，17. 弦绳（铁丝），18. 桅杆，19. 缆绳（帆脚索），20. 帆竹（帆桁），21. 弦绳

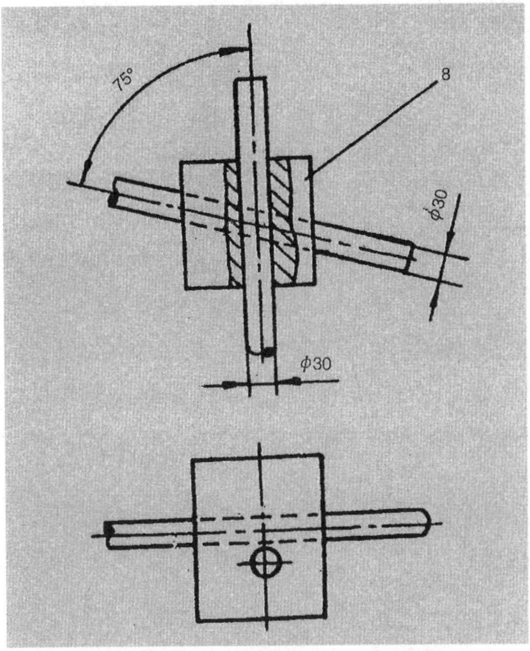

图 2–49　睡枕与铁轴的配合（张柏春、冯立昇测绘）

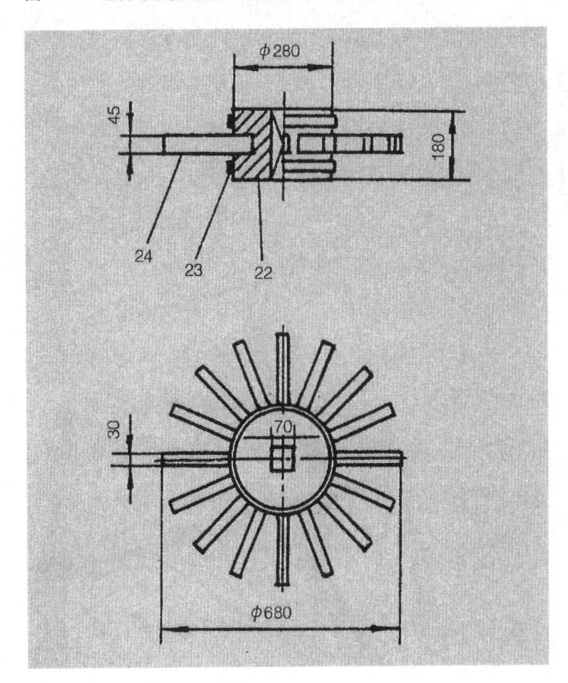

图 2–50　齿轮的构造（张柏春、冯立昇测绘）

轮毂上制成的双齿轮。除少数铁件外，整个风车均为木制，且以杉木为主。为了延长使用寿命，木零部件制成后要先打泥子，再涂桐油。

现在的风车卧轴是用钢管制成的，管径有 75 毫米。一根废弃的用木杆制成的卧轴告诉我们，轴的大端（装齿轮）的直径约为 180 毫米，另一端直径 100 毫米。

卧轴式风车所用风帆也是典型的中国式船帆。调节游绳（升帆索），使帆面与风轮的回转平面的夹角为 10º 左右（其中，$\alpha \approx 80º$）。旋转力矩的产生原理与荷兰塔式风车相似，即利用风帆上与风的气流垂直方向的分力。据风车的使用者介绍，当风力为 3～4 级时，风轮转速约为每分钟 20 余转；风力 4～6 级时风车运转最佳，转速约为每分钟 40～50 转；风力 8 级时转速可达每分钟 80 转，但已不适合于驱动翻车。根据风向的变化，操作者可搬动人字架，在水平面 300º 范围内绕睡枕移动卧轴，使风轮正对着风向。张帆方法与立轴式风车相似。游绳绕过弦绳（图 2–48 中 21）上的小绳圈，将风帆拉得张开，游绳的另一端拴在距主动齿轮不远的卧轴上。拉紧绕卧轴上的绳子及移动人字架，都可以使风轮停止转动。

除不能自动适应风向变化外，卧轴式风车具有结构简单、使用简便、占地面积小等优点。1959 年江苏省的卧轴式和立轴式风车多达 20 余万架。1958 年，淮北盐场有 3735 架，每年提水 4 亿立方米。《常熟市志》称，1958～1961 年，常熟使用卧轴式风车计有 1100 余架。20 世纪 60 年代后期以来，热力、电力逐步取代风车，但盐城、建湖、大丰、阜宁、响水、射阳、赣榆仍在用部分风车。1984 年，响水县箔东盐业中学校办盐场用 4 架风车，7 人年产盐 700 余吨，年节电 10241 度。到 1993 年，除苏北有极少数卧轴式风车外，福建省莆田盐场至少还有 200 多架卧轴式风车。《中国风力机图册》收录了若干种卧轴式风车及其改进型。其中，莆田风车由莆田县陈桥农具厂制造。这种风车的工作风速为 3.5～10.7 米 / 秒，风能利用系数是 0.15～0.20，输出功率为 0.22～3.73 千瓦。风轮直径 6 米，有 6 个风帆，通过增减风帆的数量来调速。风车驱动龙骨水车，水车扬程为0.4～2.1米，提水量5.5～120立方米/小时。

中国民间还流传着一种儿童玩具小风车，其原理与卧轴式风车相似。它的历史可以追溯到明朝甚至南宋的《货郎图》。明代刘侗等的《帝京景物略》记："剖秫秸二寸，错互贴方纸其两端。纸各红绿，中孔以细竹横安秫竿上，迎风张而疾趋，则转如轮。红绿浑浑如晕，曰风车。"刘仙洲描绘了20世纪中叶的玩具风车，做了进一步的记述：

> 近时所见的，比较更有进步。不用方纸块，而代以多数纸条，由秫秸制一轮形，把各纸条的一端贴在轮毂上，外端则依次贴在轮缘上，惟使扭转约九十度的角度。当有风时，使迎风而立，无风时立直向前趋，则旋转如轮。更在轴上装置一个或两个小横板（相当一个或两个凸轮），每转一次，就击动一个或两个具有弹力的小横杆一下（通常是把小横杆绞在两条小绳之间），杆的他端就敲一个小鼓一下。实在是具有风轮、凸轮、杠杆及弹簧等合并作用的一种玩具。

根据文献和考古资料，中国风车的记载晚于波斯，不能排除构造独特的中国风车的出现受到了外来技术思想影响的可能。

第五节　鼓风器

鼓风器广泛用于炊事和陶瓷、冶铸等需要高温的手工行业。常言道："有风就有铁。"论者以为，中国之所以很早就能冶炼生铁和烧制瓷器，鼓风器的改进起了很大作用。

最早使用的鼓风器是用兽皮制作的风囊，古人称作橐或囊橐。《礼记·学记》说："良冶之子，必学为裘。"上古时期的手工艺世代相传，冶匠的子弟从小就得学会制作鼓风器（裘），否则无法继承祖业。《墨子·备

图 2–51　排囊模型（引自《中国古代科技文物展》图 9–23）

穴篇》说："具炉橐，橐以牛皮，炉有两缶，以桥鼓之百十。"早在春秋战国时期已使用多橐鼓风，并与缶状容器相连。山东滕县宏道院东汉画像石刻有鼓风皮橐的图像，经王振铎研究予以复原（图 2–51）。由人力驱动的步冶发展到用畜力或水力驱动的马排和水排，是鼓风装置的重大创新。《后汉书 · 杜诗传》称杜任南阳太守时，"善于计略，省爱民役，造作水排，铸为农器，用力少，见功多，百姓便之"。元王祯《农书》载有立轮式和卧轮式两类水排，四川、云南、湖南、浙江等地在近代仍有使用。李约瑟指出，水排经由曲柄连杆机构将旋转运动转化为往复运动，乃是机械学的重大创造，15 世纪欧洲抽水机所用类似机构有可能受到中国的影响。

皮囊鼓风器到唐宋时期被木扇式风箱所代替，其形状最早见于北宋曾公亮《武经总要·前集》。木扇实际起着活塞的作用，如使用双木扇还可连续供风。但这种风箱靠扉板启闭鼓风，易漏气、效率低。取而代之的是著名的双作用活塞式风箱，最早的图像见于宋元之际的《演禽斗数三世相书》，明代《鲁班经匠家镜》有较翔实的文字记述。它的特点是在拉杆两面都有进风口，风箱底层与活塞分开，底层中间用板隔开，箱侧两个排气管道连接处有一双向活门，活塞用羽毛密封。当活塞向左移动时，右端活门开启，吸入空气，左侧活门关闭，将气排入底层，迫使双向活门摆向右方，盖住右方的进气口，左侧空气得以排出。当活塞向右移动时，空气从左端进气口吸入，活塞右侧的空气从下端活门排出。这样，随着活塞的左右推拉，便可连续供风。

这种风箱的截面有方形的也有圆形的，圆形的鼓风效率比方形的更高。清吴其濬《滇南矿厂图略》称："炉器曰风箱，大木而空其中，形圆，口径一尺三四五寸，长二三尺，每箱每班用三人。设无整木，亦可以板箍用，然风力究逊。"另有一种单作用活塞风箱，只在拉杆对面有一进风口，工作时推拉一次只能实现进、排气各一次，属于间歇式供气的风箱，适用于人力推动的场合，故在民间沿用至今。

双作用活塞式风箱（图2–52、图2–53）构思巧妙，设计合理，使用方便，效率甚高，它是中国古代机械工程的伟大创造，如霍梅尔（Ho 毫米 el）在

图2–52　内蒙古和林格尔县使用的双作用式活塞风箱（云占成摄）

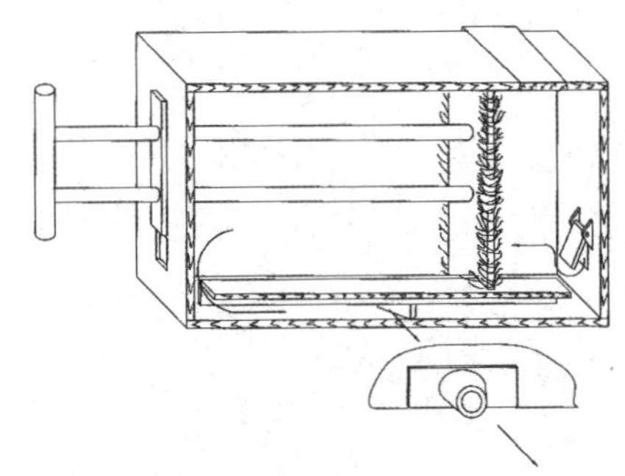

图2–53　双作用活塞式风箱构造图（冯立昇、任敬刚测绘）

《手艺中国：中国手工业调查图录》一书中所说："在现代机器应用之前，风箱以其新颖和高效的特点超过任何其他的空气泵。"①

第六节 凿井机具②

中国井盐开采有两千多年的历史，北宋时发明了卓筒井深井开凿技术，使用了顿钻，开始采集地下深层卤水。明代发明撞子钎等器具，把这套技术发展到很高水平。苏轼《蜀盐说》和文同《奏为乞差京朝官知井研县事》记载了卓筒井发明时间、地点、钻头、深度、井身结构和采卤工具。用竹作为固井的套管，外缠麻绳，内涂油灰，可防止地下淡水的侵入，保证天然卤水的浓度。明万历年间，随着井深增加，用木质套管取代竹质套管。这一技术发祥于四川井研、荣州等地，而以于北宋庆历年间的大英县卓筒井为著称，自贡的井盐开采更是规模宏大，享誉世界。该地在井盐业最繁荣时曾有卓筒井1711口，年产盐4000多吨。它沿袭了宋代汲制井盐的工艺流程，包括钻井、取卤、晒卤（滤卤）、煎盐等工序。绳式顿钻技术经历了东汉至宋初大口浅井的孕育期、宋代卓筒井的转型期、明清小口深井的成熟期。

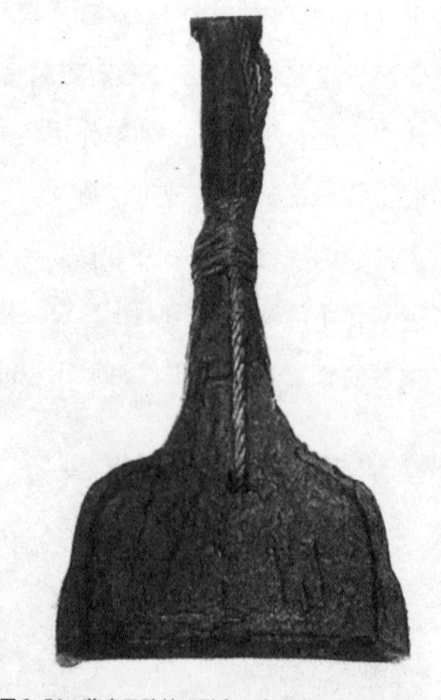

图2–54 蒲扇马蹄锉（引自《中国古代井盐工具研究》图版3）

① ［美］鲁道夫·P. 霍梅尔著，戴吾三等译：《手艺中国：中国手工业调查图录》，北京理工大学出版社，2012年，第23页。

② 林元雄，宋良曦，钟长永等：《中国井盐科技史》，四川科学技术出版社，1987年，见导论。

1835年世界第一口超千米深井——海井（1001.42米）的凿成，是顿钻技术成熟的重要标志，它对世界钻井技术的发展起到了推动作用。顿钻技术包括凿井、测井、纠斜、补腔、打捞、修治木柱等。其流程和机具（图2–54、图2–55）至今仍完整保存，已列入国家级非物质文化遗产名录。

图2–55　碓架（引自《中国古代井盐工具研究》图版171）

第三章

交通运输工具

第一节 陆上运输工具

制车工艺的出现是技术史上的重大进步。古文献中多载有关于制车技术起源的传说，常见的有黄帝造车和奚仲作车两说。《古史考》："黄帝作车，至少昊始驾牛。"《世本》："奚仲作车。"中国考古发现的马车见于安阳殷墟、西安老牛坡、滕州前掌大等遗址，均属商代晚期。这些马车早已摆脱了原始的形式，其制造工艺与技术都相当成熟。先秦时期的制车工艺已达到相当高的水平，《周礼·考工记》说："一器而工聚焉者，车为多，车有六等之数。"这只是指制造车身而言，车的最后完成，还必须再加上油漆工、彩画工、马具工和绳带工等制作流程。为了达到规定的技术要求，所有产品都要通过质量检验，仅车轮的制作，在《考工记》中就规定了10项检验标准。

先秦车辆以马车为主，且主要用作王公显贵出行游猎的代步工具和作为"攻守之具"的战车，民间能使用的"平地载任"之牛车相对较少。当时的马车都是独辀车，在经历了上千年发展后，到秦汉时期便逐渐衰落。秦汉时期为适应不同的需要，以双辕车取代了独辀车，车辆类型有所增多。除双轮车外，还出现了四轮车和独轮车，车的功能与作用也有所扩大。汉代以降，民间客运、载货的车辆不断增多，还出现了独轮手推车，车成为民间交通、运输的主要工具。

一、大车

在近、现代相当长的时期内，传统的运货大车与载客轿车在民间运输和交通出行方面都扮演着重要角色。20世纪60年代以前，城乡使用最普遍的运输工具还是畜力两轮车和人力独轮车。图3–1为清末的明信片影印

图 3–1 清末明信片中的运货大车

件，原件曾于 1909 年 9 月 26 日从北京寄往加拿大。[①] 明信片中的马车即为 20 世纪中叶前广泛使用的典型运货大车。

1. 运货大车的构造与类型

传统的运货大车，一般用骡子或马牵引，结构没有大的变化。又有“牛车”，用牛（有时还加上驴）牵引。此外还有用驴牵引的“驴车”，体重要相对较小。其中骡驾和马驾大车不仅拉得多，跑得也快，且长短路途都较适合。

大车主要由车辕、车身、车轮、车轴等部分构成。车身为木制，前面为辕。最为常见的是“花轱辘车”，车轮轮径 70～130 厘米，一般为 16 或 18 根辐条，由毂呈放射状地连接到车辋，辋外装嵌铁瓦，车轮朝外一侧有许多用以加固的铆钉（俗称“蘑菇钉”）。这样的车轮非常结实耐用。这种运货大车，虽然现在已经不用了，但留存下来的实物却在不少地方还能见到。图 3–2 所示为过去内蒙古呼和浩特地区使用过的一个传统运货大车。

① 绶祥，方霖，北宁编：《旧梦重惊（方霖、北宁藏清代明信片选集 I）》，广西美术出版社，1998 年，第 137 页。

图 3–2　运货大车（张治中摄）

在北方地区比较常见的运货大车中，还有一种车轮辐条为“廿”字形（也称 H 形）的木铁轱辘大车，其车身的构造没有大的变化，除车轮的构造不同外，车轴相对粗一些，适合载重物，可能为更早期的一种形态。这种大车在北方也很流行，图 3–3 所示为 20 世纪 40 年代华北地区使用的这种大车。图 3–4 是 20 世纪初它在内蒙古草原地区使用的情景。[①] 当运载易散落的货物时，车身上需装上围板。

由于大车车轮外装了铁瓦，对城市街道铺设的路面会造成损害，因此一些大城市规定，禁止铁轱辘大车在城内通行。为了能够使大车在城市内也可通行且不损害路面，20 世纪 40 年代开始，大车逐渐改为轴承胶轮，俗称“胶皮车”，车轴也改用铁制。图 3–5 反映了 20 世纪 40 年代青岛地区使用胶轮大车的情形。以后胶轮大车逐渐得到普及，直到近年这种大车

① 耿瑛，刘振操，马为，逵红：《窥视中国：20 世纪初日本间谍的镜头（下）》，辽海出版社，2000 年，第 557 页。

图 3–3　20 世纪 40 年代使用的大车（采自《北支の農具に関する調査》）

图 3–4　20 世纪初内蒙古地区使用的大车

图 3–5　20 世纪 40 年代青岛地区使用胶轮大车的情形（采自《北支の農具に関する調査》）

仍在一些城乡使用，显示了很强的生命力。

2. 载客轿车的构造

近代以来，北方城乡最常见的载客车仍是骡子拉的轿车，与拉人拉货的“大车”相对应，俗称“小车子”。这种轿车原为清代王公贵族乘坐的“官车”。由于一些官僚富商也竞相效仿，后来逐渐成为街头载客的交通工具。

轿车的基本构造，与普通的双轮大车相似，车轮、车轴和车辕等都与大车相仿，不同是厢体部分加上了车篷，而整个车体比大车略小，但制作得更为精致。北方地区的构造基本相同。其车身前部是车辕和赶车人坐的车沿子，车厢位于中部平板处。车篷以木为柱，两侧钉薄板或用花格框镶板，各留小窗，前为上下车之门，后部或封闭或留一窗。车篷上部拱形穹顶，既为美观，也增加了内部空间高度。车篷内外都有布或缎子做的车围子，前有架在横竿上的车帘，用以挡风遮阳。车内顶糊浅色花纸或绢绫，窗上安有玻璃，夏日则换成窗纱，车内备有窗帘。冬天和雨季，可用棉布和油布做车围子。轿车一般还备有脚凳，供乘用者上下之用。图 3–6 为山西祁县乔家大院保存下来的传统载客轿车。

3. 大车的制作

大车主要由车轮、车轴、车架与车厢等部分组成。车轮、车轴和车架

图 3–6　山西祁县乔家大院保存的传统轿车和独轮车（童庆钧摄）

是大车的关键部件。具有多年制作大车经验的宁大胜老人向我们介绍，在大车制作中，车轮制作的技术要求最高，最能体现传统制作技艺的水平。我们这里重点介绍车轮的制作方法。

传统大车的车轮由毂、辐和辋三部分组成。北方最常见的是 18 或 16 根放射状辐条的车轮（图 3–7）。毂是车轮的中心部件，略呈圆柱或中间部位凸起的腰鼓状，一般为中部粗两头细，直径 20 ~ 30 厘米，长 30 厘米左右。制作车毂，首先要选择合适材质和尺寸的圆木为原材料，一般用槐木和榆木等不易腐坏的硬木制作。选好木料后，在中心加工出方形穿孔，并装上一备好的基准轴，以便于确定圆径中心。在剖面画出圆，将圆木放在支架上，绕基准轴旋转，可检验确定出的圆面是否符合要求。通过刨、削，做出毂的外形，再根据辐数将毂的腰部（中间最大圆周处）圆周等分，然后等距凿出与轴向垂直的辐孔。接下来在毂的两端面画线，以加工毂的中心圆轴孔。一般钻凿出的轴孔,中部直径要稍大一些。穿轴孔后，再在轮毂两端面轴孔位置各嵌进一个铸铁轴承套。为了使轮毂不易变形且更加坚固，在毂的两端和靠近辐孔的外侧各安圆铁箍，共计 4 个铁箍。图 3–8 是从宁大胜家几代人使用过几十年的旧大车上拆下的一个车轮的局部照片，其中轮毂的结构和装配方式都反映得比较清楚。在宁师傅的指点下，我们观察到在该轮毂两端面凿有多个眼孔，并都敲入了木楔，这是为了使铁轴承套和铁箍装配得紧密、牢固。

图 3–7 十八辐车轮（张治中摄）

图 3–8 车轮（冯立昇摄）

车辐的制作，相对容易一些。轮辐一般在近毂一端较粗，近辋一端较细，中间略有弧度。辐条比辐孔略大，装入毂时，需用力敲进。辐条全部装齐后，需对辐面进行检验和整修。

车轮的辋是由数片圆弧形木板拼合而成的，辋的数量与辐条数有关，9

图 3–9　目前仍在使用的铁制大车（冯立昇摄）

辋 18 辐和 8 辋 16 辐为北方大车常用的制度。辋的尺寸，要据车轮直径尺寸来确定，先算出周长，再等分成九份或八份，由此得到一块轮辋的尺寸。辋的内弧侧要凿出承辐孔眼，一辋装两辐。辋与辋之间为卯合连接，每片辋一端凿出子卯，另一端凿出母卯，均用直卯。一段一段卯合时，将子卯嵌入母卯，由上而下逐次入卯，同时也将辐条装入辋上的辐孔。毂、辐、辋装置在一起后，辋的外缘装上防护的铁瓦，再在外侧钉入用以加固的铆钉（即“蘑菇钉”），这样一个结实耐用的车轮就制作完成了。

大车车轴一般是用桦木（“黑桦”更好）、槐木和榆木等质地坚硬的木材为原料，两端分别加工成一段与轮毂中心轴孔相匹配的圆柱状。轴上与外侧轴承套相结合处安装铁制“葫芦头儿”，以增加抗磨性。

大车车身一般用木纹直顺的柞木、色木、槐木、榆木等硬木做成，只有次要构件如车铺板等可用硬度较差的木材代替。大辕必须是通长的。考虑到木材的变形性，大辕的近心面应布置在外侧，副辕的近心面应布置在内侧，这样可防止车辕外张。马车的车辕间距是前窄后宽的。因而所有的大撑卯榫都是斜的，故宜用活角尺或样板画线。大车还要用许多挽具。旧时大都要从专门的挽具店铺配置购买。

现在能见到的大车多数为改良了的轴承胶轮车，在北京郊区和河北等地仍在使用的大车，车身也大都采用了钢铁材料，但车的构造仍然保留了传统的形式，没有大的变化。宁大胜老人家目前使用的大车（图 3–9）便是这种钢铁材质制成的，这是由他的儿子制作的。他在制造大车时，主要是改用了新材料，车的构造和功能都未发生变化，但材料的改变却大大增加了大车的使用寿命。尽管大车以新的形式仍然得以留存，但它的制作工艺却发生了质的变化。

二、独轮车

独轮车（图 3–10、图 3–11）是一种轻便的运物、载人工具，由一个轮子、车架和支架组成。

图 3–10　车夫过街

图 3-11 民国初年护士乘独轮车为产妇出诊

因其可在极其狭窄、崎岖的道路或田埂上推行、运货，单人就可推动，制作成本不高，经济实用，过去使用非常普遍，特别是北方农村几乎家家都有一辆，又称小车、手推车、单轱辘车。

东汉时期四川、江苏等地的画像砖、画像石已出现了独轮车图像。三国时诸葛亮和蒲元创制的木牛流马或是两种独轮车的改进：木牛前后有车辕，轮子稍小，车架两侧有空箱可装载粮食。因载重大，须前拉后推，运行较慢。流马载重小，轮稍大，由一人推，运行速度较木牛为快。

独轮车有时还以风力或畜力牵引。《天工开物》描绘了两头牲畜牵引独轮车前行的场景。1795 年，侯济斯特（Bream Houckgeest）出版的著作有加帆的独轮车，帆用布或席制作，有支撑索、帆脚索和升帆索。清麟庆《鸿雪因缘》（1839）所载加帆独轮车，一人扶辕，前有牲畜牵引。

1900 年八国联军占领北京时，国外曾有人作漫画，讽刺慈禧用独轮车推着财物逃跑。大约是从那时候起，独轮车开始传播到国外。1935 年圣诞节在英国港口城市拍摄的一幅照片显示了一位母亲推着两个孩子的场景，独轮车的车轮在车辕前端，类似中国汉代的形制。

三、勒勒车

1. 引言

勒勒车，古称辘轳车、罗罗车、牛牛车等，是北方草原上古老的交通运输工具，曾在草原牧民的生活中发挥了非常重要的作用，至今在蒙古族、达斡尔族、哈萨克族中仍有部分使用。勒勒车轴、车轮多用桦、榆等硬质木材制成，不用铁件，结构简单，易于制造和修理，适宜在草原、雪地、沼泽、沙滩上行走，可用来拉水、盐和牛奶，以及搬运毡包与柴草燃料，运送聘礼和嫁妆及各种生活资料等。历史上，由于勒勒车在深草积雪地行走迅速，被称为“草上飞”，并常作为战车在征战中运输军队的辎重。

2. 历史概况

北方游牧民族很早就有造车用车的习俗。[①] 阴山岩画有多幅关于车子形象的岩画。[②③]《汉书·扬雄传》载“长扬赋”曰：“砰辒辌，破穹庐”，辒辌即是匈奴车；《盐铁论·散不足篇》也说：“胡车（匈奴车）相随而鸣”，说明匈奴有车。《后汉书·耿夔传》记载：永初三年（109 年），东汉军队在常山、中山击败南匈奴，俘获其“穹庐、车千余辆”，南匈奴制作车辆的技艺和规模也由此可见一斑。北魏时的敕勒亦以造车业而闻名远近，并因创造了一种高大的车被当时的南方人称为高车族。《魏书·高车传》说他们造的车，“车轮高大，辐数至多”。北魏时的柔然部族、唐代的回鹘人皆能造车。

《蒙古秘史》中多处提到车[④]，其中涉及了两种车子，即哈喇兀台·帖儿坚和合撒黑·帖儿坚，两者的主要区别可能在于车篷的不同，前者是黑篷车，后者为大篷车。第 100 节谈及成吉思汗的夫人孛儿帖兀真曾躲藏在黑篷车里，一时躲过了泰亦赤兀惕人的追寻。在成吉思汗手下有专人负责修造车辆（见第 124 节）。

近代勒勒车的种类逐渐增加。据《内蒙古纪要》记载，近代用车有好几种[⑤]：

① 曹彦生：《北方游牧民族勒勒车的传承》，黑龙江民族丛刊，1998 年第 2 期，第 86～89 页。
② 盖山林：《阴山岩画》，内蒙古人民出版社，1985 年，第 71～76 页。
③ 盖山林：《蒙古高原青铜时代的车辆岩画》，《中国少数民族科技史研究第一辑》，内蒙古人民出版社，1987 年，第 9～114 页。
④ 如《蒙古秘史》的第 6、55、86、100、124 等节皆提到车。
⑤ 邢莉，易华：《中国地域文化丛书·草原文化》，辽宁教育出版社，1998 年，第 78～79 页。

一种是大车，根据构造大小又有头大车和二大车两种，主要用于开拓地方农产品商货的运输。载重量在 250 公斤至 500 公斤之间。

一种为轿车，车辆上装饰有轿，专供乘客用。轿车轮辕坚固，上覆以木篷，蔽盖芦席，或者内毡外帘，也有遮盖桦皮的。

另有无篷车、箱车和篷车等具有草原特色的牛车。

“行则车为室，止则毡为庐”，不管是古代还是近代，各具特色的勒勒车都是牧民衣食住行、婚丧嫁娶不可或缺的生活之需。

3. 车轮和车轴的制作

勒勒车主要分为上脚和下脚两个部分，下脚包括车轮和车轴，上脚主要由车辕、车撑等组成。车轮是勒勒车的核心部件，其制作是勒勒车制造过程中最为复杂考究的部分，技术含量也最高。车轮由毂、辐和辋三部分组成（图 3–12）。

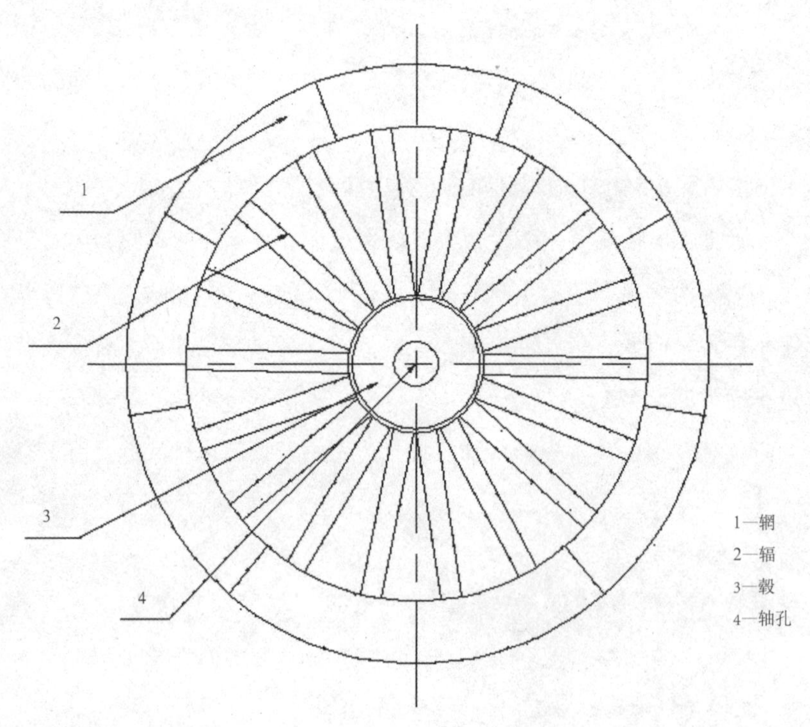

图 3–12　勒勒车车轮结构示意图

毂　俗称车头（图 3–13）。直径270毫米左右，长约300毫米，中间比两端稍凸起。截取木料后，先在中心加工出方形穿孔，装上事先制作好的基准轴，以便于确定圆径中心，也易于确保车头两端面的同轴度以及端面与轴的垂直度。将车头放在支架上，绕基准轴旋转，用靠齐工具来检验加工出的车头圆面是否符合技术要求。下一步在车头端面画出经过中心点的迎头线，以迎头线为参照准线，在毂腰部凿刻出与轴向垂直的辐眼。

图 3–13　毂

图 3–14　辐

辐　辐条18根（图 3–14），近毂一端稍粗，近辋一端稍细，中间有一定弧度。辐条比辐眼略大，与毂的接合是过盈配合，需用力才能敲进辐孔。辐条要间隔安装在毂上，每装上一根辐条都要放在支架上进行一次检验，以查看辐条与轴向的垂直度是否合乎要求。18根辐条全部装齐后，需对辐面的平正度进行检查修整。

图 3–15　轮辋

辋　轮辋9块（图3–15），9辋18辐是勒勒车车轮制作常用的制度。辋的尺寸，根据设计的车轮直径尺寸来计算，先算出周长，再等分成九份，即得到一块轮辋的尺寸。一块轮辋装两根辐条，两辐在辋上对称安装。轮辋宽度分成三份，两辐之间的距离占据其中一份。辋与辋之间采用卯榫接合方式连接。辋与辐条间的装配，则需在两辐近毂处垫上一木块，近辋处用夹具夹紧，以缩小辐距，这样才能把辐条装进辋上的穿孔，然后在两辐里侧分别加楔块紧固。辋宽在130毫米左右，厚度约55毫米。辋内缘与辐条梢头根部特意留出一段约40毫米的距离，这样当勒勒车在使用多年之后，磨损的轮辋可以沿着辐条径向向中心靠近。一般经过8至10年的时间，辋才能下到辐条梢头根部，这种设计使得辋与辐的连接始终紧固结实，不至于松动，从而延长了车轮的寿命。

毂、辐、辋装置在一起后，再在毂的端面画线以加工毂的中心圆轴孔，一般外侧轴孔径比内侧孔径要稍小些。如果开始即凿出毂的圆形轴孔，则不易找准中心点，也难以保证毂与轴的同轴度及毂端面与轴向的垂直度。最后在轮毂两端面轴孔位置各嵌进一个铸铁轴承套，一个车轮就算是制作完成，其直径在1200毫米左右。

车轴　车轴（图3–16）长约1800毫米，两端分别加工成一段长约400毫米与轮毂中心轴孔匹配的圆柱体状。轴上与外侧轴承套相结合处亦嵌有铁楔，以增加轴的强度和耐磨性。

4. 车身的制作

车身部分主要是框架结构，其制作安装较车轮部分要简单得多，制作尺寸也比较容易把握。车身主要由辕、衬木、垫木、车梯、立柱、公鸡腿、车厢面、圆压根、跨耳、夹马等组成（图 3–17）。车辕长 4000 毫米，辕口长 1500 毫米，辕宽 900 毫米。

图 3–16 车轴与车轮

图 3–17 车身

车轮与车身装配起来，即构成一辆完整的勒勒车，如图 3–18。整车两轮轮毂内端面之间的距离为 960 毫米，长为 4000 毫米。车上部件可根据要求漆饰明亮的颜色，一方面美观大方，另一方面也可起到一定的防腐作用。

不同类型勒勒车的下脚部分制作基本相似，区别主要表现在上脚部分。轿车是坐人的车，用松木、桦木、柳木等制成高约 1100 毫米，长约 2000 毫米的轿，可自由装卸，外用羊毛细毡搭篷，篷带弧形，用牛毛线缝制，是接送老人、孩子或宾客最高级的代步工具。厢车是用来放衣物、食品的车，用木板制成长约 1650 毫米、宽 700 毫米、高 800 毫米的车厢，其用途

图 3–18　勒勒车

类似于汉人的仓库和库房。货车是用来拉蒙古包、草料、燃料和其他畜产品用的车。若在车上装放一个用铁圈箍起来的大木桶，则可用来拉水、储水。

需加说明的是，这里所描述的是内蒙古多伦县制车艺人李鹏的工艺与方法，尺寸参考的是他制作的一辆勒勒车，实际上他所造的车还有其他型号。另外，不同匠人可能也有不同的技巧与型号大小。

勒勒车制作的原则是就地取材、制作简单、拆装方便，从技术上来说，其制作工艺并不复杂。在昔日的草原上，常常可以见到由一辆辆首尾相连的勒勒车排成长长的车队（图 3–19），如列车般行进在广袤的草原上，一

图 3–19　勒勒车队

个妇女或儿童即可驾驶七八辆至数十辆，承担全部家当的运输任务。因此，昔日的牧民家里随时随地都可以按不同需求来制作多辆勒勒车。

然而随着中国现代物质生活水平的提高，勒勒车正逐渐从草原上消失。现今各种各样的机动车飞驰在草原上，内蒙古仅在呼伦贝尔盟和锡林郭勒盟的部分牧区仍保留着使用勒勒车的习惯。

如今不少草原旅游景点虽也展示了勒勒车，但因不讲究勒勒车的实用性，在制作上比较粗糙。对这种传统工艺的保护是一个系统工程，涉及原材料、技术工艺、传承艺人以及人们对传统手工技艺的历史文化价值的认识观念等诸多因素，如何保护具有历史与文化内涵的传统手工技艺，是值得各方关注和深入探讨的课题。

第二节　水上运输工具

一、独木舟

《易经·系辞》称“刳木为舟”。上古先民将树干上不需挖掉的地方涂上湿泥巴，用火烧掉要挖去的部分，再用石斧砍劈，制成独木舟。2002 年，在浙江萧山跨湖桥遗址发现距今 8000～7000 年前新石器时代的独木舟（图 3–20），是我国发现年代最早的古船。[①]1958 年，江苏武进县出土春秋战国时的 3 条独木舟，现存中国历史博物馆。

中国古代独木舟有平底、平底尖头方尾（如江苏武进淹城内城河所出独木舟）和尖头尖尾这三种。

① 袁晓春，张爱敏:《跨湖桥独木舟与中国古船木质文物保护技术》,《跨湖桥文化国际学术研讨会论文集》，文物出版社，2014 年，第 12 页。

满语和赫哲语都把独木舟称为“威呼”，有的地方俗称“快马子”船。它们由整根大树干砍凿制成，长两丈有余，宽以能坐下一人为度，平口圆底，两头尖并微上翘。船桨长近一丈，左右交替划行。船小的只容一人，大的可坐五六人。除单独行驶外，“威呼”也可两只并联，称为“对子船”，在涨水季节运送车辆和货物。

图 3–20 跨湖桥遗址出土的独木舟（引自 mt.sohu.com/20141110/n405912161.shtml）

东北林区猎民还有一些颇具特色的水上交通工具。比如鄂伦春族使用的兽皮船，用剥下的整张犴皮或鹿皮制成，能载重二三百斤。但不能一次用得时间太长，以免把皮子泡软，影响浮力。

湖南、湖北、四川一带流行一种名为“舢板”或“划子”的小船，其造型与独木舟类似，为携带鸬鹚打鱼的渔民所专用。撑划子是南方河湖上的一道独特的风景。

二、羊皮筏子

皮筏古称革船，为撒拉、回、东乡、保安、土等族的传统水上运输工具，流行于青海、甘肃、宁夏的黄河沿岸，按制作原料可分为羊皮筏和牛皮筏。羊皮筏（图 3–21）多用山羊皮制成。制作时需要很高的宰剥技巧，从羊颈部开口，将整张皮褪下来，不能划破。脱毛后，吹气使皮胎膨胀，灌入少量清油、食盐和水，然后把头尾和四肢扎紧。经过晾晒的皮胎黄褐透明。用麻绳将水曲柳木条捆成方型木框，横向绑上数根木条，把一只只皮胎顺

图 3–21 兰州黄河边的羊皮筏（关晓武摄）

次扎在木条下，皮筏子就制成了。牛皮筏的制作与羊皮筏大体相同。使用时皮囊在下，木排在上。可乘人，可载货。小的可载重两三吨，大的可载重 10 余吨。自重轻，吃水浅，不怕搁浅触礁，操纵灵活方便。

皮筏子制作简单、结实耐用，而且很轻，一个人便可背负搬移。甘肃大河家一带的撒拉人渡黄河常乘坐牛皮筏，有大、小两种，大的用 6 个或 8 个牛皮袋并列穿连而成，小的只用 4 个牛皮袋，均连成正方形，上面加绑横木。大筏可载 20 余人，小筏能载七八人。渡河时，乘客蹲坐筏中间，水手三至四人分站首尾，合力挥桨划水，呼号鼓劲，顺流抵达对岸。

三、内河船只和海船[①]

《史记·夏本纪》记载扬州的贡物沿江入海，沿海北上，到达中原地区，

① 该小节和下一小节主要引自席龙飞：《中国造船史》，湖北教育出版社，1999 年。

可见夏代航运已有相当规模。西周时已设舟牧主管舟船。春秋时期出现不同种类的船舶，如王舟、轻舟、扁舟、漕船。诸侯国之间，不仅在江河还在海上作战。《吴越春秋》记述吴楚水师大小战例20余起。吴国战船有大、中、小翼，还有楼船、突冒、桥船等。战国时船舶与水运业皆很发达。安徽寿县丘家花园出土的鄂君启金节，所铸铭文规定了舟船数目，划定了通航路线。河北平山县发掘的战国随葬船，船身长13.1米，排水量为13.28吨，船板以铁箍连接，是我国迄今所发现的最古老的船舶遗迹。

秦汉造船技术获得很大发展。汉代形成从广东出发通向印度洋和从山东半岛出发经朝鲜半岛通向日本的航路。汉代最著名的船舰为楼船，有多层建筑，楼船军具千艘战船的规模。东汉《释名•释船》介绍属具、船体结构、分类和稳性理论，把当时的造船成就和技艺水平翔实记录下来，是难能可贵的。长沙、广州、湖北江陵古墓葬中发现的汉代木、陶质船舶模型（图3–22），设甲板和上层建筑，两舷设畋板用作通道，可缚竹木，超载时能提供部分浮力，倾斜时可增加稳性、减缓摇摆。可知汉代船舶属具如桨、篙、橹、纤、舵与梢已基本齐备；风帆与船尾舵相配合，驶帆技术成熟。三国时青、兖、幽、冀四州曾建造海船，而南海郡的番禺自战国以来即为造船重镇。

隋开皇八年（588年），杨素以五牙战舰，在长江上与陈朝守军展开激战。五牙舰（图3–23）起楼五层，动力以划桨为主，配合两把大尾橹，在急流中，桨、橹、舵三者并举。第五层甲板之上建一小型阁楼，供瞭望、指挥用。南北大运河的扩展和开凿，推动了隋代漕运的发展，也促进了造船业的繁荣。隋炀帝三次率庞大船队巡游江都，为此建造龙舟及游船数万艘。

唐代内河航运在国计民生中占重要地位。1973年江苏如皋县蒲西乡发现的古木船，年代应在公元649年以后。船体细长，用三段木料榫合而成，长18米，分成9个舱，设水密舱壁。底部用整木榫接，舱板以及盖板用铁钉钉成，两舷用七根长木料上下叠合，以铁钉钉合，填以石灰、桐油。

唐远洋船舶，大的长达20丈，可载六七百人，载货万斛。在波斯湾内航行时，只能泊于阿拉伯河下游，如再向西航行至幼发拉底河口，须换小船转运商货。

图 3–22　东汉陶船，1955 年广州东郊汉墓出土（引自《中国古代科技文物展》图 10–22）

图 3–23　五牙舰模型（引自《中华科技五千年》图 6–40）

宋代的丝、瓷贸易依靠海上航运，从广州或泉州出发，经南海行销东南亚、南亚、西亚、北非乃至东非沿岸。广州、杭州、泉州等地设市舶司。造船业以漕运船为大宗，又有座船、战船、马船等。南宋时，漕运船产量下降，战船逐渐增多。造船工场遍布内陆各州和沿海主要港埠地区，有官营和民营两类。1974 年泉州后渚港出土宋代海船，年代上限为咸淳七年（1271）。船壳系多重板构造，设有 12 道水密舱壁，隔成 13 个舱，以绞车轴起舵。1979 年宁波发现的宋代海船装有减摇龙骨，当船舶在风浪里横摇时，可起减缓摇摆的作用。

元代远洋海船，由马可·波罗《东方见闻录》而远播海外。海运漕船有遮洋船和钻风船二型。钻风船可载 400 余石，遮洋船载货 800 石或 1000 石，尺度比运河漕船略大，舵杆用铁梨木制，坚固可靠。运河漕船船体窄长，长宽比为 7.6:1。1976 年韩国全罗南道光州市发现的中国元代航海货船，属尖头船，龙骨呈曲线形，嵌接处置有铜镜和铜钱，是福建造船业传统民俗七星伴月的象征，设 7 道舱壁，与外板交接处设肋骨，每个舱壁的最低点附近都有一方孔，便于洗舱时排除积水。外板是鱼鳞式构造，并用舌形榫头与舱壁连接。

1984 年蓬莱水城发现三艘古代沉船，于元朝建造，使用年代不晚于明洪武九年（1376）。龙骨由两段方木以钩子同口加凸凹榫连接，全船由舱壁隔成 15 个舱，用锥木制成。外板用杉木制成，列板边接缝采用平口对接，用穿心钉、铲钉钉连壳板。

明初以金陵为京师，输往南京的漕粮，主要通过江运与河运。洪武前期，辽东战事频繁，南粮北运由苏州太仓刘家港起航实行海运。永乐元年(1403)，明成祖令陈瑄等率舟师海运粮饷，分别输往辽东和北京。除了漕运，还有大宗货物的水运。景德镇瓷器销往全国和世界各地，主要靠水运。

明初的远距离海洋航行，采取离海岸较远的直航航道，郑和七下西洋较西方的“大航海时代”早了近百年。《瀛涯胜览》记载了第四次下西洋的情况，其中宝船（图 3–24）大者长四十四丈四尺，宽十八丈，次者长三十七丈，宽十五丈，以此判断应为福船。明宣宗宣德六年（1631）第七次下西洋后，采取禁海政策，造船业陷入停滞。

清代由于造船木材紧缺，船价上涨，出现中国人在东南亚从事大规模的造船活动。在海外造船，油、麻、砺灰及钉铁等物料可从国内运去，工匠由中国船员和侨居海外的船匠充任。所造船舶多为福船船型，价格为国内的 40%～60%。明末到清初中国与日本之间的货物运输，统由中国商船担任，日本称之为唐船。始发港是山东、南京等港口，终点是日本的长崎港。

内河方面，长江航运在雍正到乾隆年间，曾盛极一时，四川的米粮、盐，滇铜和黔铅、川茶、蜀锦和川丝都有很大运量，木材运输也占相当份额，泊于造船重镇九江的船型达 50 多种。大运河漕运一如明制，每年修造 624 艘漕船，船型为两节头，分成两段，用铁铰链连在一起，可方便连接或脱开。

18 世纪 60 年代后，中国传统帆船在东南亚海上贸易中遭到西方夹板

图 3–24　郑和宝船模型（引自《中国古今科技图文集》）

帆船的挑战，所占份额迅速衰退。总体上，清代造船业进展缓慢，远洋航海几乎停顿。在与西方列强坚船利炮的对抗中，最终败下阵来。晚清的洋务运动，揭开了中国近代造船业的序幕。

四、水密隔舱

水密隔舱是中国造船技术的一大发明，起始于唐代，宋以后在海船中被普遍采用，并用于部分内河船只。

古代泉州素以发达的造船业著称。清嘉庆年间蔡永蒹所撰《西山杂志》载："天宝中，王尧于勃泥运来木材为林銮造舟。舟之身长十八丈……银镶舱舷十五格，可贮货品三至四万担之多。"其中"十五格"即为十五个隔舱。1960 年江苏扬州出土的唐代木船即设置有目前所知的最早的水密隔舱。

宋元时期的大船内隔有数舱乃至数十舱。水密隔舱良好的抗沉性能蜚声中外，西方直至 18 世纪才予以使用。由于舱与舱之间严密隔开，航行时即使有一两个舱区破损进水，船的整体仍保持相当的浮力，不致沉没。如果进水太多，只要抛弃货物，减轻载重量，也不至于很快沉入海底。如破损不严重，进水不多，只要把进水舱区的货物搬走，就可以修复破损之处，不影响船舶继续航行。即便是进水较严重，有水密隔舱的支撑，也可以驶到就近的陆地进行修补。其次，船上分舱使货物装卸和管理比较方便，同时在不同舱区装货和取货。由于舱板跟船壳紧密连接，起到加固船体的作用，不但增加了整体的横向强度，而且可取代加设肋骨的工艺，使造船工序简化。

英国本瑟姆曾考察中国的船舶结构，据此改进了造船工艺。1795 年，他受皇家海军委托，设计制作了六艘新型船只。他在论文中说，这些船"有增加强度的隔板，它们可以保护船只，免得进水而沉没，正像现在中国人做的一样"。后来，本瑟姆夫人在为丈夫所写的传记中指出："这不是本瑟姆将军的发明，他自己曾经公开地说过，'这是今天的中国人，一如古代的中国人所实行的’。”从此，中国先进的水密隔舱结构，逐渐被世界各地的造船业所吸取，至今仍是船舶设计的重要结构形式。

目前泉州深沪镇仍保留传统木帆船建造技术，所建造的“太平公主号”从船型设计、选料、工艺到装饰以至建造过程中的种种仪式都遵循传统。该船有14道隔舱板，将船分为15个舱，隔舱板下方靠近龙骨处设有两个过水眼，板与板间的缝隙用桐油灰加麻绳密封。这一技艺现已列入国家级非物质文化遗产名录。

第四章

仪器仪表

第一节 记里鼓车

此车又名大章车，是利用齿轮传动自动记程的古代机械，用于卤簿仪仗。车上有鼓，车走一里，两个木人就同时击鼓一次。人们只要记下木人击鼓的次数，就可知道车的里程。

关于记里鼓车的起源，有晋代、东汉和西汉的不同说法。一般与指南车相雁行，同为天子大驾出行、象征威武皇权的仪仗车辆，详见崔豹《古今注》和《晋书·舆服志》。《宋史·舆服志》对卢道隆记里鼓车的原理和构造作了记载，还对吴得仁记里鼓车作了详细描述。张荫麟据此对记里鼓车的结构做出了合理推断，王振铎做了复原模型（图 4–1）。

第二节 漏刻

漏刻是古代的计时器，中国、古埃及、古巴比伦等文明古国都曾使用。它由漏壶和标尺构成。漏壶用于泄水或盛水，前者称泄水型漏壶，后者称受水型漏壶。标尺用于标记时刻，使用时置于壶中，随壶内水位变化而上下。漏刻的最早记载见于《周礼》。目前出土的最早漏刻为西汉遗物。这些铜漏壶都呈圆筒状，漏身近底处有流管，壶盖有提梁，提梁和壶盖有相对的长方形孔的皆为单壶泄水型沉箭漏（图 4–2）。传世有受水型漏刻两件，藏于国家博物馆的是元代延祐三年（1316）造的；藏于北京故宫博物院的是清代（1745）制造的。宋代漏刻计时精度已达每天几秒钟的水平。直到机械时钟用摆作为控制器后，才超过漏刻的计时精度。

漏刻在汉代主要是浮箭漏。北魏时期出现了秤漏，它用秤称量受水壶

图 4–1 记里鼓车复原模型（引自《中国古代科技文物展》图 10–14）

中水的重量，以其变化来计量时间，由北魏道士李兰发明，载于南朝梁沈约《袖中记》等书。秤漏和浮箭漏最明显的不同在于显时系统，使用秤漏可提高灵敏度，获得更细致的时间分划，故发明后很快流传开来，从隋唐到北宋一直是主要的天文计时仪器。南宋孙逢吉《职官分纪》记载秤漏的稳流供水系统可保持稳定的水位，使日误差在 1 分钟之内，最好可在 20 秒之内，能满足当时天文观测的需求。这是漏刻史上的重大发明。

但秤漏的显时系统不能连续反映时间的流逝，后被莲花漏取代。宋仁宗天圣八年（1030），燕肃在莲花漏法中首次采用漫流平水系统。从结构上看，莲花漏类似于二级补偿型浮箭漏，不同之处在于向箭壶供水的下柜之侧，有“减水盎、竹注筒、铜节水小筒三物”。即在下柜上部开有一个

图 4–2 西汉沉箭式漏壶，河北满城 1 号汉墓出土（引自《中国古代科技文物展》图 1–11）

图 4–3 元延祐漏壶（引自《中国古代科技文物展》图 1–22）

小孔，由于上柜注入下柜的水流量大于下柜注入箭壶的水流量，故下柜始终保持漫流状态。漫流的水由“铜节水小筒”经“竹注筒”流入“减水盎”，从而使水位保持稳定，在很大程度上消除了水位变化对流量的影响。经过反复测验，莲花漏最终于 1039 年被司天机构正式采用。

漫流平水壶在上壶加水前后，水位还是会有很小幅度的变化，对要求高精度运行的漏刻计时是有影响的。因此古人又把漫流平水型和多级补偿型浮箭漏结合起来，制成漫流补偿混合型浮箭漏（图 4–3），其制作年代约在北宋末年或南宋初年。这一结构形式被沿袭下来，成为南宋以降历代漏刻的标准形式，是自动控制技术的一项重要创造。

第三节 候风地动仪

候风地动仪是汉代科学家张衡的杰作。据《后汉书·五行志》记载，自和帝永元四年（92）到安帝延光四年（125），30 多年间共发生了 26 次大的地震。震区有时波及几十郡，地裂山崩、江河泛滥、房屋倒塌，造成了巨大的损失。张衡经过长年研究，在阳嘉元年（132）发明了候风地动仪。据《后汉书·张衡传》记载，候风地动仪“以精铜铸成，圆径八尺”，“形似酒樽”，上有圆盖，外表有篆文以及山、龟、鸟、兽等图形。仪内中央有一铜质“都柱”，柱旁有八条通道，称为“八道”，设有巧妙的机关。樽体周围有八个龙头，按东、南、西、北、东南、东北、西南、西北八个方向布列。龙头和通道中的机关相连，每个龙头嘴里都衔有铜球。八个蟾

图 4–4　候风地动仪模型（引自《中国古代科技文物展》）

蜍蹲在地上，对着龙头，昂头张嘴，准备承接铜球。当某地发生地震时，樽体随之震动，触动机关，使发生地震方向的龙头张嘴吐出铜球，落到铜蟾蜍嘴里，发出声响。人们就可据以判断地震发生的方向。

关于地动仪的结构，北齐信都芳《器准》和隋初临孝恭《地动铜仪经》，都传有图式和制作方法，但二书均早已失传。今人的研究以王振铎之说影响最大。他推断都柱的工作原理与近代地震仪的倒立式震摆相仿，八道围绕都柱架设。都柱重心高，易失去平衡，倒入某一通道，推动杠杆（牙机），使龙头上颌抬起，吐出铜丸，起到报警作用。中国历史博物馆陈列的张衡候风地震仪模型（图 4–4），就是根据王振铎的设计复原的。

多年来，国内外有不少学者对候风地动仪的工作原理和结构多有争论，提出了种种设想和方案，也有对其工作的可靠性和灵敏度提出疑义的，迄今尚无公认的定论。

第四节　天文仪器

一、浑仪

浑仪是中国古代用于测量天体球面坐标的观测仪器，创制时间大约在战国初期，西汉时代已有明确记载。它以浑天说为理论基础，认为“浑天如鸡子，天体圆如蛋丸，地如鸡中黄”，原始的浑仪可能由两个环组成，一个是固定不动的赤道环，另一个是绕极轴转动的四游环，环内附有窥管可供观测。后来为便于观测太阳、行星和月球等天体，在浑仪内又添置了几个圆环，成为多种用途的天文观测仪器。如东汉傅安和贾逵在浑仪上增设黄道环，张衡又加上地平环和子午环。

唐代天文学家李淳风设计了一架比较精密完善的浑天黄道仪，整个仪器分为三层，外层六合仪包括地平圈、子午圈和赤道圈；中层三辰仪由白道环、黄道环和赤道环构成；里层四游仪包括四游环和窥管。北宋浑仪数

图 4–5　明制浑仪（张柏春摄）

量最多，有至道元年（995）韩显符所造铜浑仪，皇祐三年（1051）舒易简、于渊、周琮所造浑仪，熙宁七年（1074）沈括所造浑仪，苏颂水运仪象台所含铜浑仪以及南宋绍兴浑仪。元代郭守敬也曾造浑天仪。时至今日，早期的浑仪皆荡然无存，现仅在南京紫金山天文台保存着一架明代正统二年（1437）的铜铸浑仪（图 4–5）。光绪二十六年 (1900)，八国联军侵入北京，浑仪被掠运到德国波茨坦，第一次世界大战结束后才归还中国，于 1921 年 4 月运抵北京；1931 年“九一八”事变后，中央研究院将其运往紫金山天文台。日军占领南京后浑仪被肆意损毁。中华人民共和国成立后，这架珍贵的明代浑仪才得到妥善保护。

二、简仪

浑仪的众多环圈交错，遮掩天区，影响观测范围。为此，沈括取消了浑仪的白道环，又改变一些环的位置，使它们不挡住视线。郭守敬于元世祖至元十三年（1276 ）将浑仪的各组圆环分别安装，制造了简仪。它取消了白道环、黄道环，把赤道装置（由赤道圈和赤经圈组成）、地平装置（由地平圈和地平经圈组成）分开，不再有妨碍视线的圆环。简仪的赤道环和

图 4–6 明制简仪（张柏春摄）

百刻环重叠安装，二者之间平放 4 个圆筒形的短铜棍，可使赤道环灵活地沿固定的百刻环转动。这是滚筒轴承在世界上的最早使用。

郭守敬创制的简仪于康熙五十四年（1715）被耶稣会传教士所毁。保存下来的只有现存于南京紫金山天文台的简仪（图 4–6）。这座简仪是明代正统年间仿制的，原置于北京观象台，1932 年由中央研究院运到南京，抗战期间受到严重损坏。

简仪把浑仪中代表不同坐标系的圈环分解成立运仪（地平经纬仪）和赤道经纬仪（赤道仪）两部分独立的装置。立运仪有地平环和立运环，赤道经纬仪有赤道环、百刻环和四游环。四游环两面刻有周天度数，中间的窥衡可绕环的中心旋转。两端有十字线，是后世望远镜十字丝的先河。只要转动四游环和窥衡，就可观测空中任何方位的天体，并从环面刻度读出天体的去极度数。把它乘 360/365.25，再从 90° 减去这个乘积，就得到现代用的赤纬值。

赤道环的环面刻有二十八宿的度数，另有两条界衡，两端用细线和极轴北端连接起来，构成两个三角形，两三角形平面的夹角就是赤经差。观测时把一个界衡形成的平面对准某宿的距星，把另一界衡平面对准所要观测的天体，就得到此天体的入宿度。把它加上从该天体西侧宿起到春分点所在宿止相应各宿的距度，减去春分点位置的宿度，再乘 360/360.25，就是现代用的赤经值。

百刻环固定于赤道环内，用界衡观测太阳时，从环上得到的读数就是真太阳时刻。简仪的地平装置由地平环和立运环组成，双环中间所夹窥管可绕立运环的中心旋转。转动立运环和窥管，即可测出任一天体的地平经度和地平纬度。

简仪以铜铸长方形的铜铸框架为基座，以龙柱和云柱支承。趺面有水槽连贯相通，可通过观察水面来测定仪器是否水平。云架和龙柱以生动的花纹、造型，衬托出简仪的雄伟气势。

简仪的设计和制造水平，在世界上是领先的，直到 1598 年丹麦天文学家第谷发明的天文仪器才能和它相比。现代天文台大望远镜的赤道装置，尤其是英国式的类型，就是从简仪脱胎而来。工程、地形和天文测量所用经纬仪的地平装置，也和简仪经纬环和立运环的结构相类。航空导航用的天文罗盘构造和简仪属于同一类型。可以认为，简仪是这些仪器的原始形态。

三、水运仪象台

水运仪象台（图 4–7）是中国古代首创的大型天文仪器，由北宋苏颂、韩公廉等创建，元祐七年（1092）完成，靖康二年（1127）被毁。台高 12 米，宽 7 米，为木结构建筑，分为功能、动力、控制和传动四大系统。

功能系统由浑仪、浑象和报时机构组成，分上、中、下三层放置。浑仪在最上层，屋的顶板可以开启，是现代望远镜活动屋顶的先驱。浑象在中层，用以演示天象变化。天球的一半隐没在地平之下，另一半露在地平上，

图4-7 水运仪象台模型(引自《中国古今科技图文集》)

由机轮带动旋转，一昼夜转动一圈，显现星辰起落等天象。报时机构在下层。

动力部分由水池、枢轮组成。在水的重力和控制机械的共同作用下，枢轮匀速转动，通过齿轮系统带动功能系统运转。为保证枢轮匀速转动，设计了一套擒纵装置，工作原理是：于枢轮辐条外端安装受水壶，下压杠杆装置。该装置与壶接触的一端叫格叉，另一端叫枢衡。枢衡下有枢权，可悬挂砝码。当受水壶的分量使枢轮辐条对支点的力矩大于砝码的力矩，即压下格叉，带动枢轮转动；格叉被压下时，拉动天衡，吊起天关和左天锁，枢轮在受水壶带动下，顶起右天锁，运转一根辐条的角度。之后，格叉弹起，左、右天锁落下，将下一根辐条锁住（右天锁是止动卡子，可防止倒转）。渴乌继续往下一受水壶注水。前一受水壶的水倾倒退水壶中。如此循环，使枢轮能间歇性地匀速转动，起着分割时间的作用。

传动系统有两套齿轮系装置，分别带动浑仪以及浑象和报时装置。

水运仪象台建成后，苏颂撰写了《新仪象法要》一书。南宋绍兴初年制造浑仪时，朝廷曾访求苏颂后人和参照该书。

水运仪象台集观测星象的浑仪、演示天象的浑象、计量时间的漏刻和报告时刻的机械装置于一体，它汇集了水车、筒车、渴乌、桔槔、凸轮和天平秤杆等诸多机械，所采用的联动控制装置具有与现代机械钟擒纵机构相同的功用，代表了当时世界最高机械设计水平。这一大型天文仪器创建于中国古代科学技术水平达到巅峰的宋元时期，它凝聚了中国古代机械设计制造、天文观测、冶金铸造、建筑工艺的科学技术成果，集中体现了中国先民们的聪明才智和创造精神。

刘仙洲和王振铎在20世纪50年代对水运仪象台作了研究。1956年，科学规划委员会决定复原这一大型天文仪器，由王振铎按1∶5的缩小比例主持完成并陈列于中国历史博物馆。近年来，台湾和日本都有人制作水运仪象台的复原模型，其中使用了渐开线齿轮等现代手段。论者以为超出了宋代的技术水平，不是真正意义上的复原。对北宋时建造的水运仪象台能否稳定运转，学者也存有疑问，有待进一步研究。

第五节　铜卡尺

游标卡尺是测量长度的精密工具，由主尺、固定卡爪、游标架、活动卡爪、游标尺等组成。测量时用主尺和活动尺将待测部位卡住，既方便读数，又能消除刻度对不准引起的误差，可以方便地测量圆形物体和异形体的内、外宽度及深度，适用范围较广。

我国至迟在1世纪的新莽时期就发明了与现代游标卡尺外形结构大致相同的铜卡尺。由固定尺、固定卡爪、鱼形柄、导槽、导销、组合套、活动尺、活动卡爪、拉手组成。中国国家博物馆所藏新莽铜卡尺（图4–8），每寸合2.48厘米，尺上有刻度，最小读数为“分”，即十分之一寸，估读值若按十分之一“分”，即可达到“厘”的精度。这具卡尺可测量径、板厚及槽深。测量轴径或厚度时，将活动尺拉开。当工件卡入量爪后，移动活动尺使之卡紧，以活动尺量爪外侧作为准线，在固定尺面上即可读到读数。当测量槽深时，以固定尺的右端面作为基准，引其环移动活动尺，使右端面与槽底面接触，便可测得槽深。

新莽铜卡尺尚未应用等差放大原理，其科学性与精确性不及现代游标卡尺。但它出现于两千年前，已足以反映我国古代机械技术的先进水平。

图4–8　新莽铜卡尺（引自《中国科学技术史 · 度量衡卷》）

第六节　指南针和罗盘

人类的生产、生活和军事行动，都需要方向的指引。中国最早的指向仪器是以车辆形式出现的指南车。它利用差速齿轮的指向功能由车载木人指示方向，即古籍所说“车虽回运而手常指南”。东汉张衡、三国马钧、南齐祖冲之都曾制作指南车。唐元和年间金公立曾上指南车，宋天圣五年(1027)燕肃又创意造车，至大观元年(1107)吴德隆也献制车之法，岳珂《愧郯录》和《宋史·舆服志》详记车制和技术规范。晋以后，皇帝车驾卤簿多用指南车为前导。元代以降未有研制指南车之举。王振铎据古籍所载复制了指南车原大模型（图 4–9），陈列于中国历史博物馆。同时，他也指出指南车在古代多作为仪仗使用，在当时技术条件下，其运行未必可靠。

图 4–9　指南车模型（引自《中国古代科技文物展》图 10–16）

一、指南针

指南针是利用磁性来判别方位的仪器，是中国四大发明之一。中国古代的指向仪器如指南龟（图 4–10）、指南鱼、指南针（图 4–11、图 4–12、图 4–13）和罗盘等，其基本原理都是在地磁场作用下，使磁针指向保持在磁子午线的切线方向，磁针的北极指向地磁场的南极，磁针的南极指向地磁场的北极。这一现象可用来指示方向，常用于航海、大地测量、旅行及军事等方面。

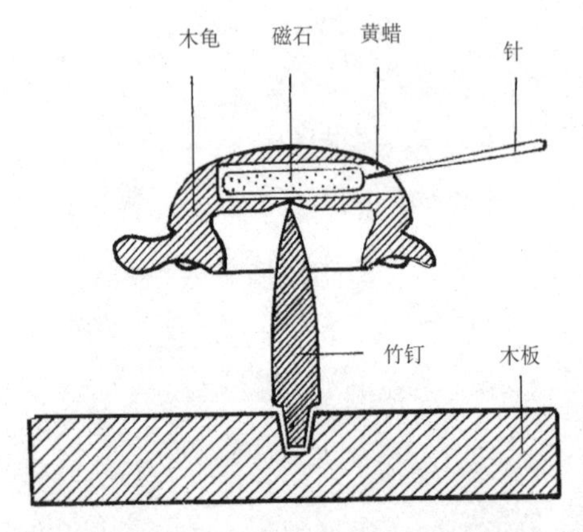

图 4–10　指南龟（引自《中国古代科技文物展》图 4–8）

指南针的发明基于中国古代

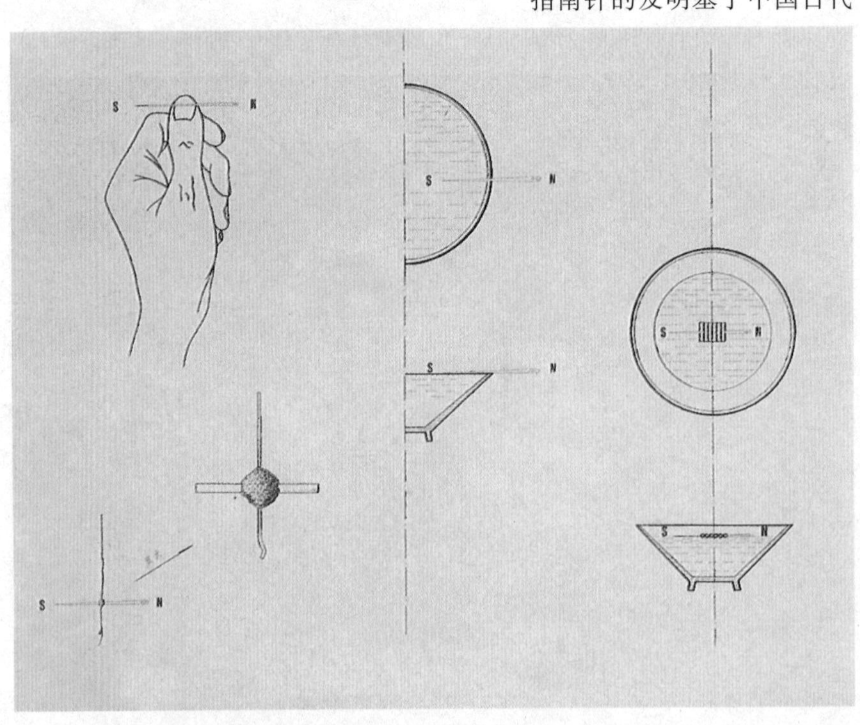

图 4–11　指爪法和碗唇法指南针（引自《中国古代科技文物展》图 4–2）

对天然磁石的认识。天然磁石具强磁性，古人很早就发现磁石吸铁及磁石之间吸引与排斥现象。宋代，人们掌握了磁化铁件的方法，经不断试验发明了各种各样的指向仪器，并发现了地磁场、地磁偏角和地磁倾角。根据文献记载，古代将铁件磁化的方法有两种，一是将铁针在磁石上定向摩擦；二是将铁件高温处理后，沿南北方向放置，利用地磁场作用将之磁化。沈括《梦溪笔谈》记载了指南针的四种安装方法：碗唇法、指爪法、缕悬法和水浮法。古文献还记载了指南龟和指南鱼的制作方法，它们分别是旱罗盘和水罗盘的先声。

图 4–12　缕悬法指南针模型（引自《中国古代科技文物展》图 4–3）

一般认为，指南针是由阿拉伯人从中国传到欧洲的。指南针的使用和流传促进了陆路和海上交通，扩展了人们的活动范围，从而极大地推动了人类社会的发展。将指南针装于万向支架中是由西方人发明，由传教士传入中国的。这种结构完全抵消了外界的干扰，指针可稳定

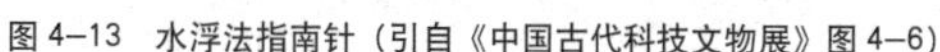

图 4–13　水浮法指南针（引自《中国古代科技文物展》图 4–6）

地指向，从而得以在交通、军事等领域广泛使用。

二、罗盘

1. 磁针与罗盘的发明

罗盘，又叫“地罗经”“罗经盘”，是将磁针与刻度盘结合在一起的一种辨识方向的仪器。在古代，罗盘广泛应用于航海和堪舆。

我国古人很早就发现了磁体的指极性，但天然磁石指极性弱，容易受震失去磁性。磁针的发明，使得这种指极性得到广泛的应用。我国古籍中，有关人工磁化法的记载基本上有两种。一种是利用地磁场磁化法制造人工磁体，现发现最早的相关资料见于北宋初年曾公亮主编的《武经总要》，该书的“前集”卷十五：

> 鱼法以薄铁叶剪裁，长二寸，阔五分，首尾锐如鱼形。置炭火中烧之，候通赤，没尾数分则止。以密器收之。用时置水碗于无风之处，平放鱼在水面令浮，其首常南向午也。

用现在知识解释，把铁叶鱼烧红是为了让铁叶内部的分子动能增加，从而使分子磁畴从原先的固定状态变为运动状态。然后使烧红的铁叶鱼沿着地磁场方向放置，为的是通过强大的地磁场迫使运动着的分子磁畴顺着地球磁场方向重新排列（由无规则排列到规则排列），这时铁叶鱼就被磁化了。但用这种方法获得的磁体磁性比较弱。

另一种是用天然磁石摩擦钢针的方法。此制法最早见于北宋科学家沈括的《梦溪笔谈》，其中卷二十四“杂志一”中记：

> 方家以磁石磨针锋，则能指南，然常微偏东，不全南也。

从现代观点来看，这种方法是以天然磁石的磁场作用，使钢针内部的单元小磁体——“磁畴”由杂乱排列变为规则排列，从而使钢针显示出磁性。之所以用钢针，是因为钢的剩磁力强，可以成为永磁体。

此后各种名目繁多的磁性指向仪器，就都以这种磁针为主体，只是磁针的形状和装置法有所变化。直到19世纪现代电磁铁出现以前，几乎所有的指南针都是采用这一种人工磁化法制成的。

刻度盘是罗盘的组成部分之一，它的起源很早。大约战国至秦汉时期，占卜者已在运用一种带刻度的栻盘（也称为“栻占盘”和“天地盘”）来占卜天地人事吉凶成败。《史记·日者传》有：

今夫卜者，必法天地，象四时，顺于仁义，分策定卦，旋式正綦。然后言天地之利益，事之成败。

《史记索引》注：

按：式即栻也。旋，转也。栻之形，上圆象天，下方法地。用之则转天纲，加地之辰，故云旋式。綦者，筮之状。正綦，盖谓卜以作卦也。

这些文献记载了当时占卜者所用栻盘的大致结构。它由两部分组成：象征“地”的底盘为方形盘，称为地盘。地盘中心枢接一圆盘，称为天盘。有出土文物显示，天盘以枢接方式装于地盘之中，可以活动旋转。天盘中央画北斗七星；之外刻有两个圆环，一个刻有十二月神(微明、魁、从魁、传从、小吉、胜先、大一、天冈、太冲、功曹、大吉、神后)或十二个月；另一个刻有二十八宿星名。地盘的最外层方格内也刻有二十八宿星名；内层方格内分别书写天干中的八干(戊己二干在“五行”中属土，居中央，所以不列在方位圈内)和十二地支。其中，在示意方向上，子为北，午为南，酉为西，卯为东；或者，以八卦中四卦代替这四个方向或与之重合：子为北、坎；午为南、离；酉为西、兑；东为卯、震。在地盘的四角与其中心相连接的四个方位为四个卦位，即东南为巽，东北为艮，西北为乾，西南为坤。因此，八干十二支加四卦合为地的24方位。这些栻盘材料分为漆木质或铜质两大类。宋以后，罗盘24方位定向渊源即如此。但到明代，又因堪舆和航海的不同，罗盘的盘制有了不同的发展和变化。

磁针与地盘的结合可能在宋代，罗盘的产生在中国至晚于12世纪下半叶。据《考古》1988年第4期报道，1985年5月江西临川南宋邵武知军朱济南（1140—1197）墓出土了七十件陶俑，其中一件称“张仙人陶俑”（图4–14）。陶俑高22.2厘米，眼观前方，炯炯有神，束发绾髻，身穿右衽长衫，右手执一罗盘，置于左胸前。底座墨书“张仙人”。朱济南卒于庆元三年（1197），葬于庆元四年（1198）。可见，在1198年之前，罗盘已在中国问世，并已成为堪舆家手中必备的仪器。

罗盘问世后不久，为使用和识辨方位的方便，地盘的方形盘面和分层立位便被改成圆形盘面，并将24方位列在同一圆环之中。罗盘首先被用于堪舆：相墓、相宅、看风水（此前的堪舆家是用圭臬测向）。11世纪上半叶，北宋杨惟德撰写的相墓书《茔原总录》卷一中提到：

客主的取舍，宜匡四正以无差。当取丙午针，于其正处，中而格之，取方直之正也。

罗盘不久也运用于航海，并很快起到了巨大的作用。在航海中使用罗盘的最早记载见于南宋咸淳年间（1265—1274年）吴自牧的《梦粱录》。书中说：

风雨冥晦时，惟凭针盘而行，乃火长掌之，毫厘不敢差误，盖一舟人命所系也。

而在比《梦粱录》较早的赵汝适的《诸番志》中却是这样描述12世纪初福建市舶司的：

舟船来往，惟以指南针为则，昼夜守视惟谨，毫厘之差，生死系矣。

两书都说航行中对针盘或指南针有专人守视，不差毫厘。由此可推断，《诸番志》所说的也应该是针盘。因为如果没有罗盘指向，实现毫厘不差是不大可能的。

罗盘的发明直接推动了航海的发展。南宋以来，海船使用罗盘导航来探索可行的航线，一条航线往往是由许多的针点连接起来，这就是“针路”。将针位方向记录下来，作为航行的依据，就是“罗经针簿”。可能早在12—13世纪，中国的指南针就传到了阿拉伯地区，进而又传到了欧洲。

图 4–14 持罗盘陶俑（引自《中国古代科技文物展》图 4–7）

罗盘在仪表方面启发性的贡献也是引人注目的。李约瑟就认为中国的罗盘装置是“所有指针式读数装置中历史最古老的，并且是在通向实现各种标度盘和自动记录仪表的道路上迈出的第一步”[①]。

2. 传统罗盘的类型

根据装置磁针方法的不同，可将罗盘分为水罗盘和旱罗盘两种。

有研究资料表明：明代以前，我国的罗盘都是水罗盘。[②]明隆庆时李豫亨在《推篷寤语》卷七中记载：

> 近年吴、越、闽、广，屡遭倭变，倭船尾率用旱针盘以辨海道，获之仿其制，吴下人始多旱针盘。但其针用磁石煮制，气过则不灵，不若水针盘之细密也。

清雍正时期陈元龙撰《格致镜原》坤舆类记罗经：

> 《月令广义》：“地理罗经立方向，以测星辰天度，以针定子午为准。其法本于黄帝指南车制，周公更流传推仿者。寸缕之金，必指子午，此造化阴阳之妙，不易阐明。”注云：“罗经有水罗，有旱罗。”

这里所谓“水罗”“旱罗”就是指罗盘而言。明代李豫亨撰《青乌绪言》又有：

> 以针浮水定子午，俗称水罗经。至嘉靖间遭倭夷之乱，始传倭中法，以针入盘中，贴纸方位其上，不拘何方，子午必向南北，谓之旱罗经。

水罗盘，又称“水针”，即用水浮法安置指南针于盘中来指定方向。这种罗盘一直到明清航海中仍在使用，而用在堪舆的水罗经晚到清光绪中叶尚在制造。水罗盘在民间商船使用的时间下限可能晚到清道光初年。

巩珍于明宣德九年（1434）于《西洋番国志》中指出：“斩木为盘，书刻干支之字，浮针于水，指向行舟。”这是目前已知的关于航海水罗盘结构的最早描述。

---

① ［美］罗伯特坦普尔著，陈养正等译：《中国：发明与发现的国度》，21世纪出版社，1995年，第305页。
② 王振铎：《司南指南针与罗盘经》，《科技考古论丛》，文物出版社，1989年，第199页。

水罗盘的制作应是沿用传统的制法，实际是同宋代沈括《梦溪笔谈》中的水浮法原理相同。直到解放前安徽休宁新安镇采用的方法还是这样的：

用一段适当长度的细钢丝，经磁石传磁后，剪取雄鸡的羽干（即羽轴），长度约为磁针的三分之一，横穿在磁针中部，放入水中，将指南的针端涂上红漆，最后把磁针放入水罗经的天池中。

这和沈括的试验不同之处，仅是针和钢丝、灯芯草和羽干、针锋和涂红针端的区别。所以说浮针的这种制法，基本上是继承了北宋以来的传统（如图 4–15a、b 和 c）[①]。

旱罗盘，也称为“旱针”或“干针”，是区别于水针而言。它不借助

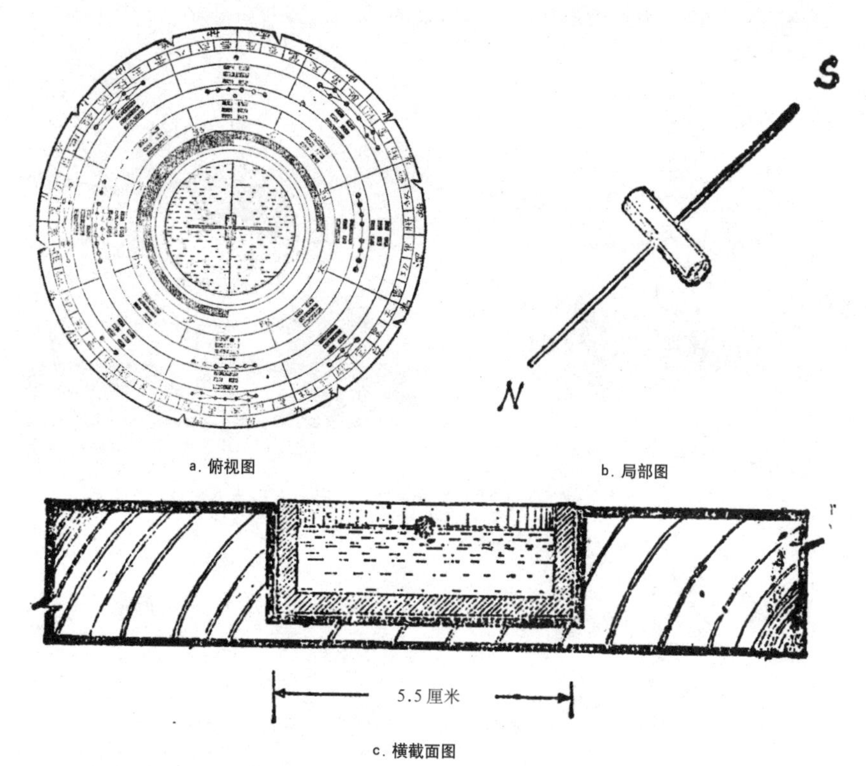

a. 俯视图

b. 局部图

c. 横截面图

图 4–15 清道光安徽休宁新安镇制木体水罗盘构造图

① 王振铎：《司南指南针与罗盘经》，《科技考古论丛》，文物出版社，1989 年，第 197 页。

水的浮力，而用一个支轴（轴针）的顶端顶在磁针的中部，使磁针平衡旋转。因为支点的摩擦阻力十分小，所以磁针可以自由转动。又由于旱罗盘的磁针有固定的支点，而不会像水罗盘的磁针一样在水面上游荡，所以旱罗盘比水罗盘有更大的优越性，它更适用于航海。

成书于我国元泰定时期 (1324—1328) 的《事林广记》中，就有指南龟的记录，实际就是支轴装置的磁石指南器 (图 4–16)。

关于旱罗盘的转动构造，在明代之后的文献中有所记录。如清乾隆时王大海《海岛逸志摘略》记荷兰指南针：

和兰行船指南车不用针，以铁一片两头尖而中阔，形如梭，当心一小凹，下立一锐以承之。或如雨伞而旋转，面书和兰字，用十六方向，

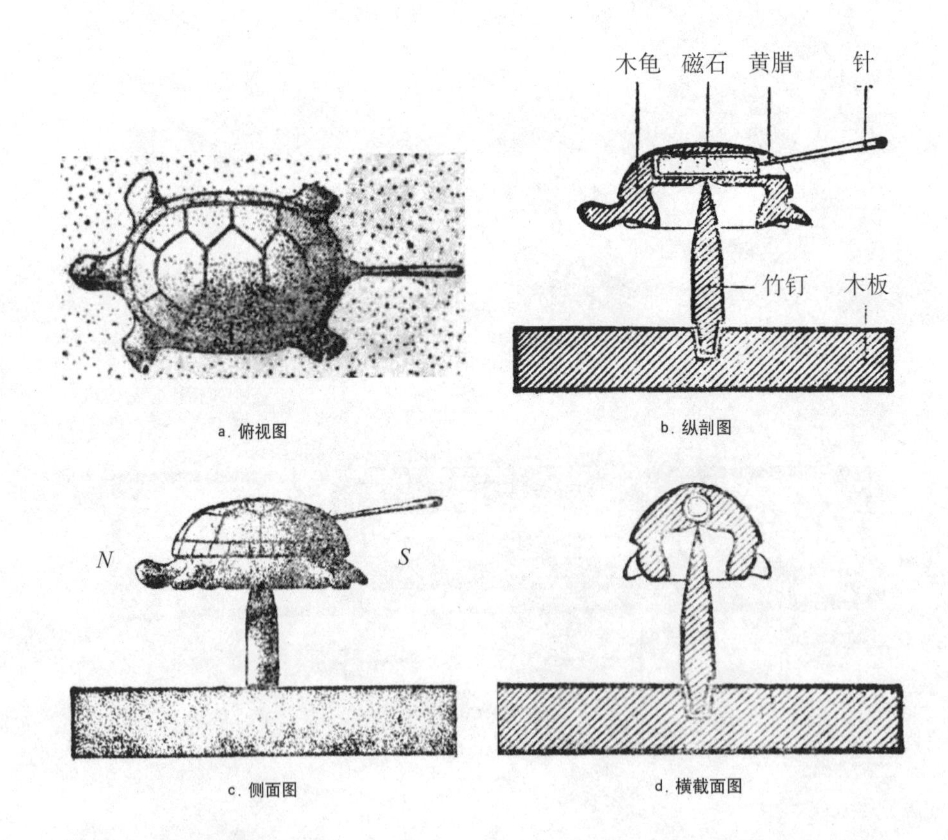

a. 俯视图

b. 纵剖图

c. 侧面图

d. 横截面图

图 4–16　木刻指南龟复原图

曰：东西南北，曰：东南东北，西南西北，曰：东南之左，东南之右，东北之左，东北之右，西南之左，西南之右，西北之左，西北之右，是以一道也。

旱罗盘的这种磁针有固定支点的装置法，早在北宋时代就有所体现，原理同沈括关于磁针装置试验中的碗沿旋定法和指甲旋定法。

由于水罗盘携带不方便等特点，旱罗盘被更为广泛地应用。其构造和制作如下：

简单地讲，罗盘是由指示方向的磁针和占测方向的占盘组成。指南针位于罗盘的中心，它的周围是占盘。占盘是由按同心圆次序布列若干层次、以一定规律和原理排列的数字构成的方位盘。

在实际的制作中，由于支撑磁针的需要，需有一些相关的附件。为了便于支撑磁针，近代温州、苏州航海用的罗盘磁针做成一些特殊的形式（图4–17）[①]，中间为铜钉帽，使用时间久变成绿色，所以被称作“绿头针”。这种“针”便于装置并可自由转动。

而近代安徽休宁的磁针形如普通的针，这样为支撑磁针所需附件就要多一些。即先用铜夹固定磁针，再在铜夹下设一铜帽，将支撑的针状物抵在铜帽下，从而得以实现支撑磁针并使之自由转动的目的。这种结构至今还在当地制作罗盘中广泛使用。

中国古代罗盘按产地划分有沿海型和内地型两类。沿海型以福建漳州和广东兴宁为中心，其功能主要是用于航海指向。内地型以安徽休宁的万安街，即今安徽省黄山市休宁县万安镇为中心，其主要功能为测定房屋建筑和墓葬的方位及平面布局。万安镇是中国古代罗盘的主要产地，生产的罗盘在历史上被称作“徽盘”。万安镇也是现今全国仅存的手工制作罗盘的产地。

万安罗盘继承了中国古代传统的罗盘制作技艺，在长期的生产过程中

① 王振铎：《司南指南针与罗盘经》，《科技考古论丛》，文物出版社，1989年，第208页。

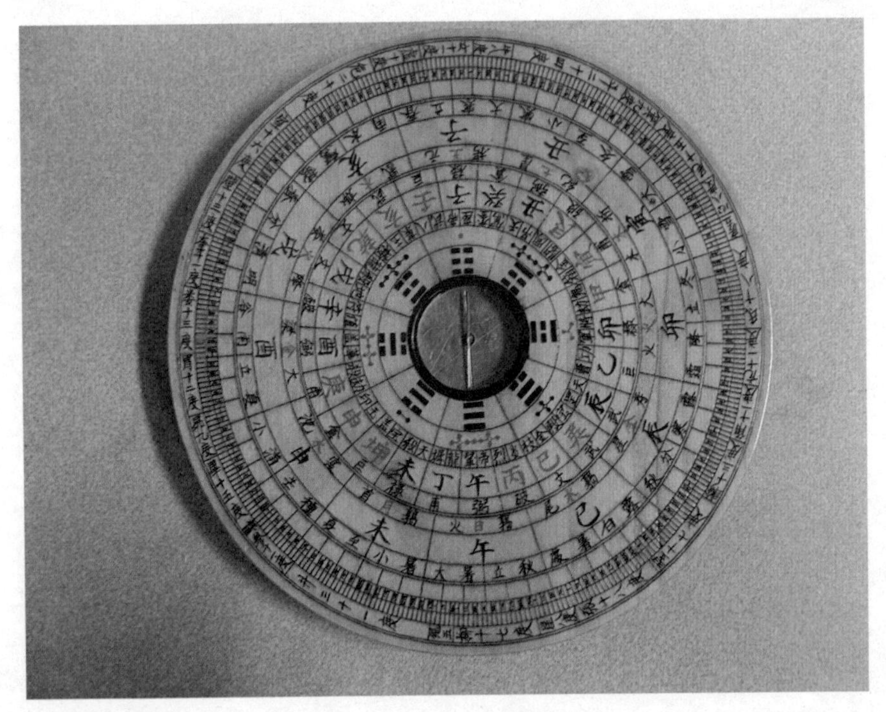

图 4–17 旱罗盘

又形成了自己的工艺特点，对工艺流程和技艺手法均有严格的规范要求。一具罗盘的制成，需要各种不同工种的协作，一般要经过以下七道工序：

第一道工序是选材制坯。首先精选坯料，选用质地坚韧细密不显纹理的特等木料，一般用虎骨树料或银杏木料，然后再根据不同直径、厚度，锯好罗盘毛坯。

第二道工序是车磨毛坯（图 4–18、图 4–19）。即将毛坯用车床车圆成型，再用细砂纸和木贼草（一种中草药）将毛坯磨光，之后挖好装置磁针的圆孔（图 4–20）。

在一些装饰性罗盘的制作工序中，还需要“雕罗盘”，即用雕的手法对盘的边缘进行修饰。

第三道工序是刻画分格（图 4–21）。即依照不同型号、盘式的图谱，从盘坯的圆心用长短不一的半径画圆周为横格，再按阴阳八卦、天干地支

图 4–18 车磨毛坯

图 4–19 磨好的毛坯

图 4–20 挖磁针圆孔

图 4–21 刻画分格

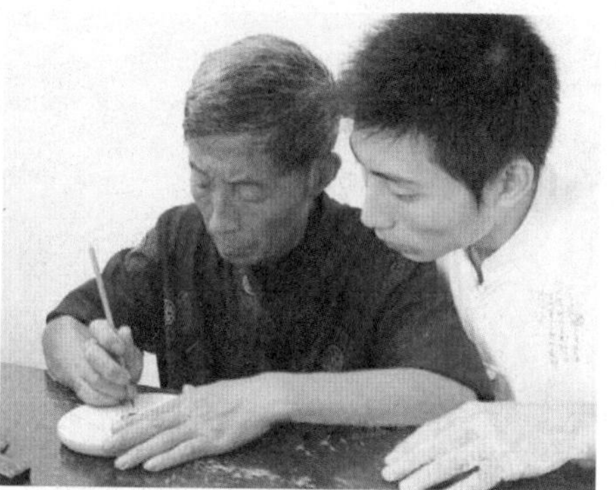
图 4–22 书写盘面

等刻直格。依推数派系、诸家盘式分别刻画，不能有丝毫差错。

第四道工序是清盘。即刻画完盘面后，对残留细木屑、毛边进行细致处理，使整个盘面干净整洁，使所刻格子清晰明了。

第五道工序是书写盘面（图 4–22）。即按照秘藏图谱，用细毛笔，按照各种盘式书写分格的内容。这道工序必须严谨细心，不可有一丝粗心大意。

第六道工序是上油（图 4–23），包括用独特的传统工艺熬炼桐油。油要上多次，其技艺超过对一般漆匠的要求。这道工序决定了罗盘的光亮度，油得好的罗盘百年后仍能够光洁清晰，色彩如初。

第七道工序是安装磁针（图 4–24），包括磁化钢针、测定钢针重心、装针。这是最关键的工序，也是罗盘制作过程中技术核心所在，一般由店主亲自在秘室内单独操作。将经过磁化的钢针在精密测定其重心后，牢固地安在圆孔里，而且不能使支点产生阻力，以利于指针自由转动。磁针装毕，最后封盖圆玻璃片，一具罗盘制作完成。

磁化钢针，即将钢针置放在天然磁石上经半个月以上，使其磁化。

万安罗盘根据罗盘的直径尺寸，其规格约有 11 种，即 2.8、3.4、4.2、5.2、6.2、7.2、8.2、 8.6、10、12、18.6 寸。2.8～5.2 寸的为小型罗盘，6.2～8.6 寸的属中型罗盘，8.6 寸以上的属大型罗盘。为精密起见，一般 5 寸以上的罗盘都加配方形托盘，托盘八方对分线与内盘丝毫不差。小型罗盘直径小，

图 4–23　上油

图 4–24　安装磁针

圈层内容少，精度稍差，如3.4寸的罗盘仅有9环，但小型罗盘又有着携带方便的优点。大型罗盘圈层内容多，信息量大，精度高，但其尺寸大，不便携带。而中型罗盘较为适宜，如6.2寸的罗盘有22环内容，一般已足够使用。风水师察看大型地盘时则常选用精度高的大型罗盘。

3. 吴鲁衡罗经店

万安镇成为中国罗盘的主要产地，缘于徽州人对房屋建筑和墓葬的风水非常讲究。同时，风水师层出不穷为罗盘提供了广泛的市场需求。万安罗盘制作业始于元末明初，发展于明代，鼎盛于清代中叶。后受太平军与清军在皖南争战的影响而衰败，民国初年又重振辉煌，并延续至20世纪60年代初，一度停顿后恢复生产。万安罗盘的传统制作工艺沿袭约600年，工艺流程严格规范，技艺精湛缜密，所制罗盘规格全、品种多、精度高，是中国古代民间工艺的杰出代表和遗存标本，是风格独特的徽州文化的非物质文化遗产的重要组成部分。作为中国传统工艺精品，清康熙年间万安罗盘业生产的一具徽式罗盘，被中国历史博物馆珍藏。

历史上万安罗盘最著名的制作工艺大师是清代的吴国柱。吴国柱，字鲁衡，世居休宁县万安上街，生于1702年。幼年，其父便将他送进著名的方秀水罗经店当学徒。雍正年间（1723—1735），吴国柱创立了自己的店号——“吴鲁衡罗经店”。吴国柱之后，吴鲁衡罗经店由其子光煜，字涵辉（1744—1806）继承。光煜再传于洪礼（1785—1830）、洪信（1791—1849），即取涵辉之“涵”字和光煜之“煜”字的谐音“毓”而分为涵记、毓记两支：涵记由洪礼传于肇坤（1810—1863），肇坤之后由外姓詹文成沿用牌号租承经营，詹文成传于詹子章（1882—1961）；毓记由洪信传于肇瑞（1817—1861），肇瑞传于毓贤（1851—1922），毓贤传于慰苍（1900—1961）。正是在毓贤时期，吴鲁衡罗经店生产的罗盘、日晷于1915年在美国费城举办的巴拿马万国博览会上获得金质奖章。1961年，随着两位经营者吴毓贤和詹子章的相继去世，毓记、涵记吴鲁衡罗经店先后歇业。

毓记后人吴水森，是罗经大师吴鲁衡的第七代脉系传人，中国高级工艺美术师、安徽民间工艺大师，现黄山市民间工艺美术学会副会长，休宁县万安吴鲁衡罗经老店有限公司总经理，休宁县万安吴氏嫡传罗经老店经理，休宁县万安吴鲁衡罗经科技研究所所长，安徽省民间文化杰出传承人等。吴水森自小受家庭熏陶，耳濡目染之中继承了祖传罗盘制作工艺。“文革”时期，吴水森先是插队农村，后又进了工厂，但始终没有停止研习罗盘制作技艺。1992 年，吴水森重捡祖辈技艺，在家中组建“万安吴氏嫡传罗经店”，1995 年又成立了“休宁县万安吴鲁衡罗经科技研究所”，制作的罗盘、日晷等，1995 年在“中国专利技术及产品博览会”上获得金奖。2005 年年初，他又根据史料记载，研制恢复了已失传 500 余年的缕悬式罗盘。改革开放后，吴水森决定继承家族传统工艺，沿用“吴鲁衡”品牌，使一度淡出人们视野的万安罗盘重新面世。

吴水森秉承古法，对制作罗盘的各道工序一丝不苟、精益求精，并在祖传技艺的基础上创新，将罗盘、日晷合理地与生活用具结合起来，充分利用传统文化理念和吉祥图案，采用圆雕、浮雕、镂雕、书法、国画等艺术手法，精致美观地再现了传统文化产品的底蕴和新兴工艺品的创新艺术，先后开发了金龟型、莲花八卦型、双龙戏珠型、首饰杯型等几十个罗盘系列品种，规格从 2 英寸至 2 尺，圈层从 2 层到 46 层，品种达数百种。

万安罗盘承载着传承我国古代“四大发明”之一、对人类科技进步和社会发展产生了巨大的推动作用的磁性指南技术的应用和制作技艺。万安罗盘制作技艺中分格的划分涉及了数学等知识的掌握和运用。罗盘盘面内容信息量丰富，包含中国古代天文学、地理学、环境学、哲学、易学、建筑学等多学科的知识。所以，万安罗盘制作技艺的传承，为我们研究中国磁性指南技术发展史、中国古代哲学思想史、中国科技史、中国社会史、中国建筑史和中国民间工艺史，以及研究中国传统人居环境观和古代徽州乃至于中国东南地区的地域历史、文化、经济等提供了宝贵资料，具有多方面的宝贵价值，是非常珍贵的非物质类文化遗产。2006 年 6 月，万安罗盘制作技艺被国务院批准列入第一批国家级非物质文化遗产名录。

第五章

乐器

目前所知我国最早的乐器是1987年河南舞阳贾湖遗址出土的骨笛。在多座墓葬中共出土有骨笛18支，尤以82号墓同出的形制相同的两支笛最具代表性，论者以为印证了中国古代使用阴阳笛的传统。骨笛用鹤类的尺骨经锯割、钻孔、磨削制成，加工精细，调整音高的小孔，在两个八度的音域内半音齐全。贾湖遗址属新石器时代裴李岗文化前期，距今约9000年，这些骨笛是已知世界上最早的乐笛，比美索不达米亚乌尔文化和古埃及第一王朝的笛子都要早。这一重大发现使人们对我国音乐文化和乐器制作的悠久与辉煌有了进一步的认识。

周代用礼乐规定名位等级，制礼作乐成为政教施行的大事。《周礼·春官》把乐器分为八类，即“金、石、土、革、丝、木、匏、竹”，统称八音。其中，金指钟铙，石为特磬和编磬，土指陶埙，革为鼓，丝指琴、瑟等弦乐器，木为柷和敔，匏指笙、竽，竹是箫、笛、管、篪等管乐器。

经长期发展演变，融合各族和域外传入的各类乐器，我国至近古时期已形成较成熟的民族乐器系列，加上少数民族特有的乐器，计有数百种之多。以下简述若干现存的民族乐器制作技艺。

第一节　古琴[①]

古琴为七弦琴，至迟在西周出现，到春秋时期盛行于士族阶层，伯牙即是当时的操琴名家。魏晋时期的古琴已有琴徽，与现今的古琴形制基本相同。传世古琴以唐琴最为名贵。唐代著名的斫琴家四川雷氏家族所制的琴被尊称为“雷琴”。故宫博物院现藏唐琴“九霄环佩”、“大圣遗音”（图5–1）、“飞泉”皆为雷琴。宋明两代好琴者众，内府甚至集中各地名师造琴。明清琴谱记录了多种琴式，如伏羲、神农、仲尼、联珠等，尤以仲尼式最常见。

① 该节主要引自章华英：《古琴》，浙江人民出版社，2005年。

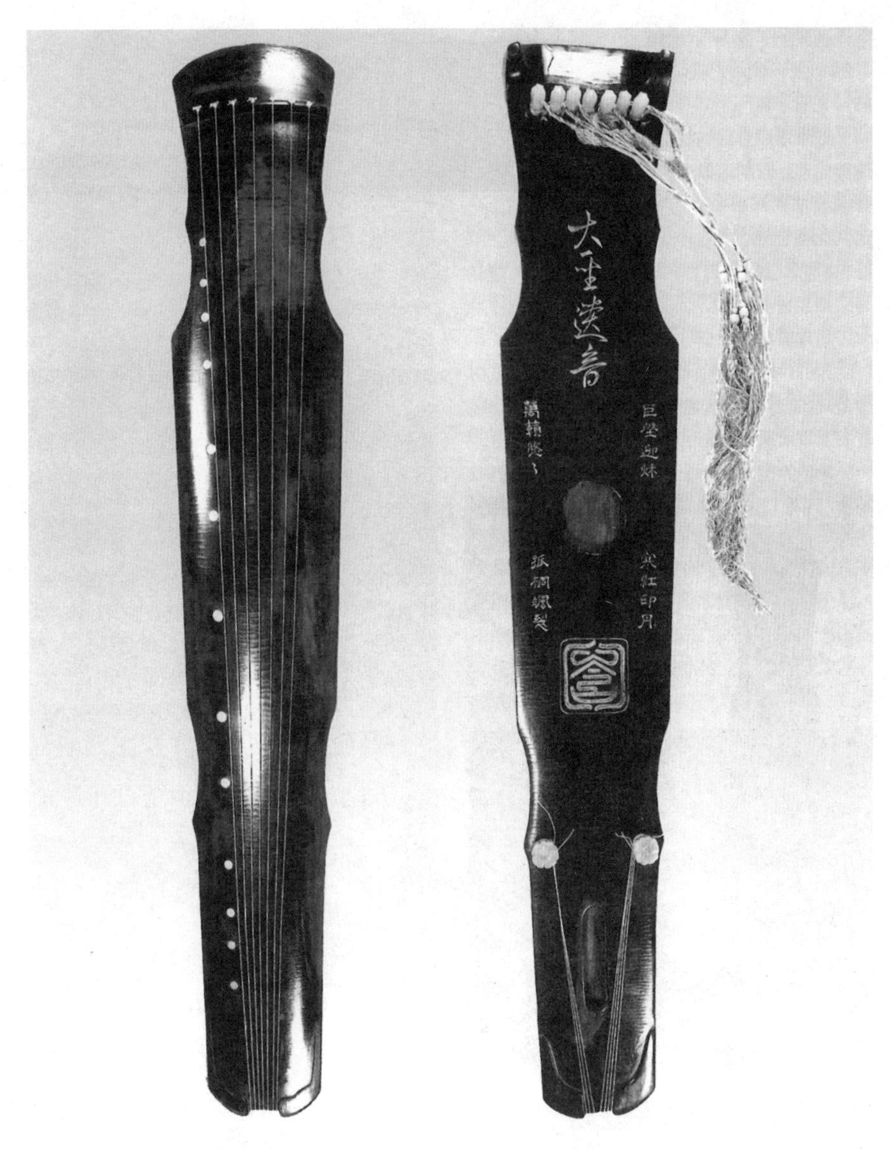

图 5–1　大圣遗音琴，现藏故宫博物院（引自章华英著《古琴》）

古琴由琴面（图 5–2）、琴底、琴腹等部分构成，制作过程须经选材、烘干、加工槽腹、髹漆、退光、上弦等步骤。

琴以桐、梓为材，自古皆然。唐代制琴世家雷氏总结为“选材良，用意深，五百年，有正音”。制琴面板应选用纹理顺直、宽度均匀、硬度适中，

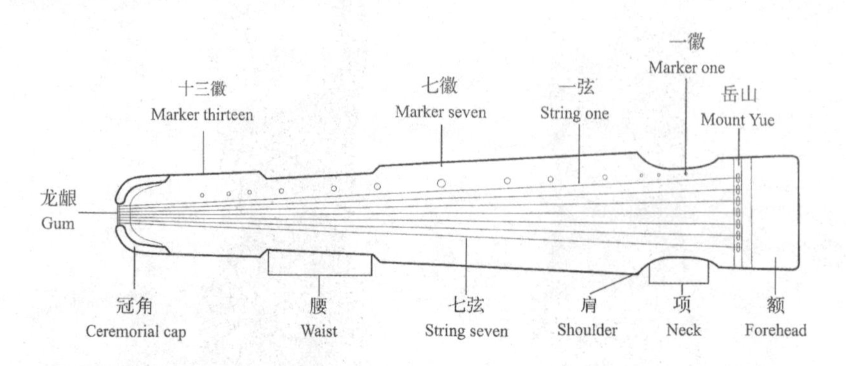

图 5–2 琴面示意图（引自章华英著《古琴》）

图 5–3 挖槽腹（引自章华英《古琴》）

无疤节和虫蛀缺陷的桐木。用楸梓做琴底最好选用百年以上的材料。选定的木材要经过处理，久浸水中再取出悬挂灶上或风吹日晒，使木液尽干。

琴面的弧度、岳山和龙龈的高度，对琴的音色和演奏时的手感有影响，历来有“前一指，后一纸”的说法，即岳山的高度不能高于一指，龙龈的高度只有一纸。槽腹结构（图 5–3）是决定音色好坏的关键。腔体的大小并没有统一的标准，它和面板、底板的厚薄、长短，所选琴材质地均有关系。琴腹内另一重要构造要素是天地柱的大小、位置及其安放。它的作用是改善琴腔内的声音振动规律，若音虚，应增加柱的体量，琴音沉闷可减小甚至去除天地柱。

古琴的漆胎大多用生漆与鹿角霜合成，第一次漆灰粗而薄，待其干后用粗石略磨。第二次用中灰稍厚，干后再磨。第三次用细漆灰，平匀候干，

图5–4　合琴法（魏勇摄，北京钧天坊古琴研发中心提供）

用水磨之。第四次补平，再用水磨，不平处填漆，直至琴面平整无刹音方可。表漆可分紫漆、褐漆、黑漆、朱漆、黄漆等，一般还要用桐油合光、退光。

以上工序（图5–4）完成后，即可上琴徽、弦、轸等配件。琴徽常用蚌壳，贵重的用金、玉。雁足、琴轸要用质地坚硬的红木、紫檀，也有用玉、牛角的。琴弦以前用丝弦，20世纪50年代以来改用钢丝尼龙弦。钢丝弦坚硬耐用，音色响亮。丝弦低沉古朴，易跑弦，不耐用，但更具古琴的传统韵味。琴制成后，要经琴家长久演奏，音色才会愈来愈好。

近年来，古琴为越来越多的人所爱好，各地多有名家斫琴，北京钧天坊古琴研发中心传承人王鹏即为其中之一，该技艺已列入北京市第三批非物质文化遗产名录。

第二节　北京宏音斋笙管

这一技艺源于清宫廷乐器制作。从清朝至今，宏音斋笙管制作历经吴启瑞、吴文明、吴仲孚（图 5–5）、吴景馨四代传人，现已按传统师傅带徒弟口传心授的传统方式传承到第五代。

宏音斋笙管乐器（图 5–6）包括笙、管、笛、箫、唢呐、埙等管乐器。制作时，首先对木料和竹子驯化，保证制成的乐器不变形开裂而经久耐用。铜料和响铜料按一定比例加入银和锡，保证制成的乐器声音洪亮、音色绵长。制埙须选择五至六处不同地点的土，按比例混合和泥，保证音色低婉厚重。

笙的制作工序：笙分方笙和圆笙，根据形制将 3 毫米厚的铜板制成笙盘初型，在盘上打眼，再与气腔、笙斗外皮、笙嘴焊在一起，制成笙斗。

图5–5　第三代传承人吴仲孚先生在工作（北京吴氏管乐社提供）

将竹子锯成所需尺寸，两端挫平，成为笙苗。用通条打通竹节。将红木车成圆锥形，掏膛，开面，用胶黏结在笙苗上。将笙脚插入笙斗。据每根笙苗的音高开音窗；据手型开按眼。用刀将响铜片戗出簧舌，磨出适当音高，清理簧舌边缘，保证发音的纯正。将戗好的片用蜂蜡黏结在笙脚上，涂上用五花石研磨紫铜产生的绿色水浆，干后调试。用朱砂黄蜡点簧舌端部，根据音高予以加减，调平音准后再作微调，一盘笙才告完成。

管子的制作工序：将木料车成圆形，造出管子初型。掏空初型中心部位成膛，按调性的不同，定好膛的尺寸。在初型上用钻打上按孔。管子两端用锡装饰起来，起保护作用。用砂纸、水砂纸打磨管子，再用布轮抛光。后安上苇子哨片，调音至需要的音准，一支管子即制作完成。

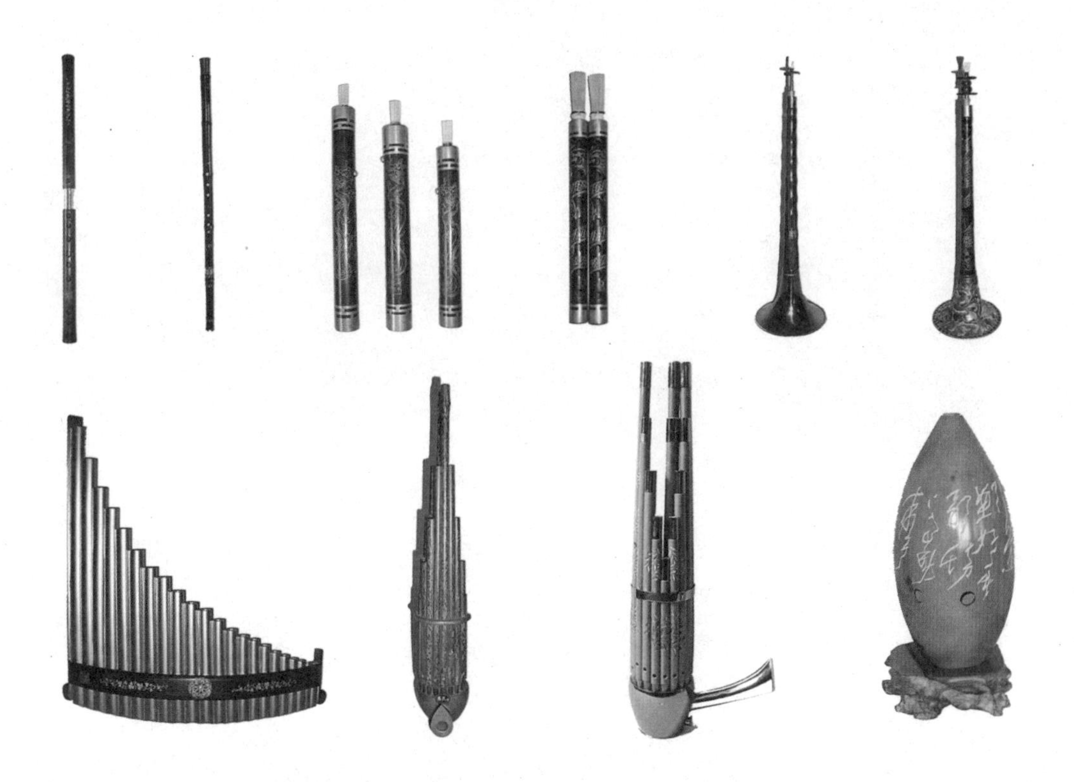

图 5–6　宏音斋笙管乐器（北京吴氏管乐社提供）

笛子的制作工序：选好竹料，锯成所需尺寸，挫平两端，形成初型。用通条通开笛子内膛，去除竹节内膛的隔段。在初型上画出中线，确定并画出笛子开孔的准确位置，然后打眼开孔。在笛子身上缠绕装饰丝线，防止笛子因气候改变而发生变化。最后将音调准，乐器制作即告完成。

箫的制作工序：工艺流程与笛子的基本相同。不同之处是开吹孔，笛子吹孔在笛身中线上，在放线时，同时打眼即可。箫的吹孔在一端的中线上，在保留竹节隔段，准备开口的一端的中线端点处，挫出凹陷，形成开口。

唢呐制作工序：将方料制成一头粗、一头细的圆料，再将圆料制成波浪形的圆弧状。掏膛、打眼、打磨、抛光与制管相同。碗子是唢呐的共鸣设备，在压碗机上用撬棍将铜片压制成型。哨子是唢呐的发音源，芯子是支撑哨子与唢呐杆子连接的构件。将芯子插入杆子膛中，哨子插在芯子上端，唢呐即可吹响。碗子安装在杆子的一端，唢呐发出的乐音通过碗子产生共鸣并达到扩音效果。调试音准后，唢呐制作即告完成。

埙的制作工序：和泥是制埙的关键工序。将不同地点、不同性质的土打碎，混在一起，用水浸泡三天，用布过滤三次，得到的泥浆作为制埙的泥料。待泥浆澄清，将水倒掉，剩下的泥浆再经蒸发，就可以和泥。泥料须反复摔打揉搓方可使用。用泥、石膏及其他材料，制成埙状，作为内胎。把和好的泥压在胎上成初型。从中部切开初型，取出内胎，用原泥将切开的两部分埙坯粘合在一起，再打吹孔和按孔。经高温烧制后调音成埙。

调音师调试乐器的音高、音准和使用的舒适度，是乐器制作最后和最难的一道工序，需由高级技术人员监制，再经演奏家试吹和微调，以保证其精准性。

小型制作工具有挖刀、锤子、钢锉、平板木锉、螺丝刀、钳子、抢刀、车刀、钻头、手锯、手钻、电烙铁等。大型工具有车床、拔床、钻床、抛光机、砂轮机、截苗机等。

宏音斋的规矩是先学演奏，后学制作，将演奏和制作紧密结合在一起。

这一技艺现已列入北京市第三批非物质文化遗产名录。

第三节　苏州民族乐器

苏州乐器制作历史久远。宋代乐器生产集中在乐鼓巷，即今史家巷一带。明代昆曲的繁荣促进了苏州乐器行业的大发展，西城附郭一带是各种乐器集中生产地点。清代苏州乐器生产因江南评弹、曲艺的昌盛而达到鼎盛。据《吴县志》记载，乾隆年间苏州乐器业“金石丝竹，无不具备”。至嘉庆时，发展成江浙的主要乐器产地和销售中心。至清末，有名的乐器店仍有杨万兴等6家，弦线作坊有蒋秋记等10多家。20世纪30年代乐器作坊有20多家，形成阊门和观前两大中心。1951年以来，苏州乐器业经多次改制，有起有落。2000年，成立了苏州民族乐器厂。其制作技艺于2008年列入第二批国家级非物质文化遗产名录。

苏州民族乐器产品有弦乐器、管乐器和打击乐器（鼓乐器和响铜乐器）。拉弦乐器有二胡（图5–7）、京胡、京二胡、高胡、梆胡、秦胡等。弹拨乐器有古琴、箜篌（图5–8）、琵琶、阮、筝、三弦、月琴、柳叶琴和秦琴。管乐器有笛、箫、笙和管。打击乐器有定音鼓、渔鼓、编钟、苏锣、云锣、十面锣、钹等。

以二胡为例，共需90道工序，其中琴筒32道，琴杆20道，琴轸16道，琴弓12道包括选竹、烘弯头尾、断头尾、直弓、磨弓、打眼、烫眼、拉气眼、上漆、打结、装弓和穿弓，鞔皮10道包括皮膜处理、粘夏布、套皮、烫皮、二次套皮、二次烫皮、调节皮膜、鞔皮、截皮和上色处理。

弹拨乐器工艺流程，除与二胡木工有相同之处外，还有凿坯、起线和抛光等一系列手工操作。

制作工具有木工工具，大小木工锯子、榜、各种刨子、榔头、凿子、木尺、

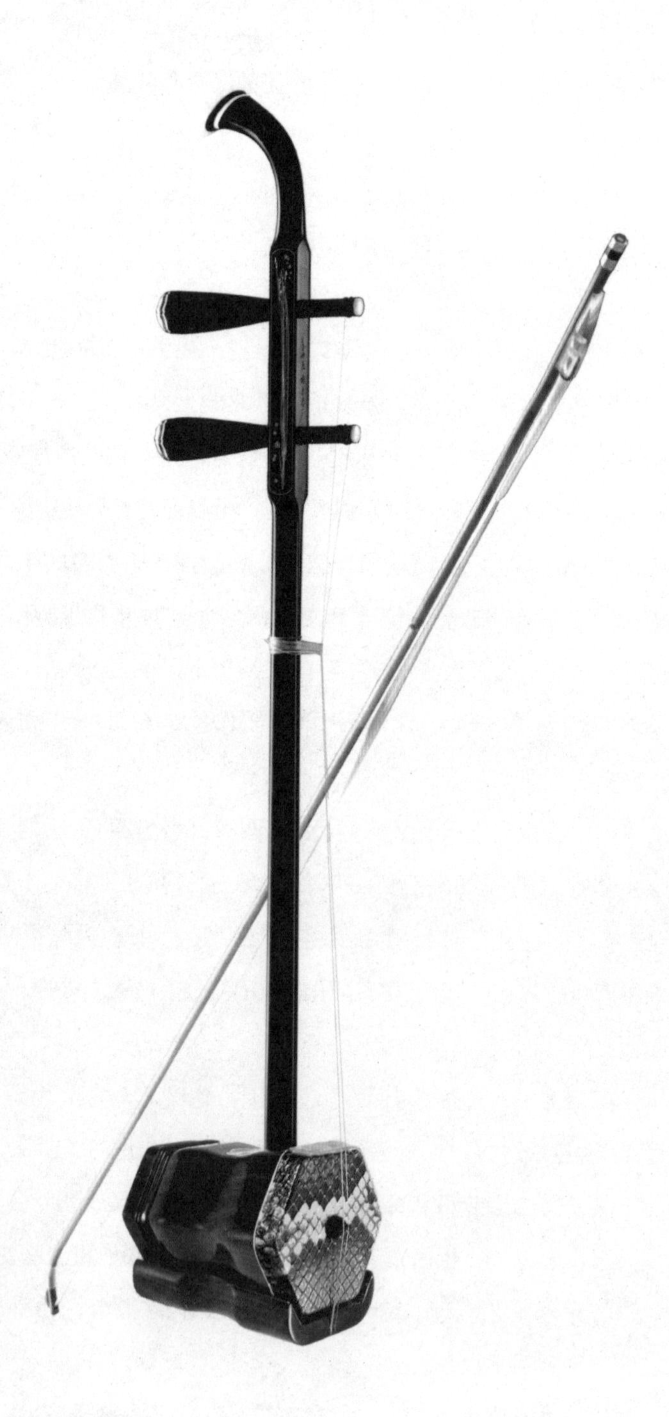

图5–7　老红木银丝二胡（沈博文提供）

图5-8 箜篌(沈博文提供)

锉刀、铮刀、刮刀等。辅助工具有刀砖、铅笔、墨斗和烙铁等。

雕刻工具包括各种凿子、刮刀、铮刀、拉空弓和各种锉刀等。辅助工具有三角锉、什景锉、拉花钢丝、敲柱、垫板和刀砖等。

乐器制作中还需应用浅浮雕、深浮雕、立雕和镂雕等雕刻工艺和打磨生坯、嵌刮面漆、砂皮打磨、着色及上漆等漆工工艺。漆工工具，刮刀、竹制漆棒和漆扇等。辅助工具有各号砂皮、石膏、砂叶、木茇草、老棉花和棉纱等。

第四节　玉屏箫笛

玉屏箫笛（图 5–9）是我国著名的传统管乐器，以音色清越优美、雕刻精致著称，为侗、汉、苗、土家族的文化结晶，具有较高的历史文化和工艺价值，因用贵州玉屏侗族自治县所产竹子制成而得名。

玉屏箫笛也称“平箫玉笛”。据记载，平箫系明代万历年间（1573—1619）郑维藩所创，玉笛则始创于清代雍正五年（1727）。玉屏箫笛的制作须经取材、制坯、刻花、打磨等工序，式样优美，雌雄成对。爱好音律的郑氏将制作箫笛的技艺视为传家宝，代代坚守其业，在明代箫笛一度被列为贡品。清咸丰年间，郑氏传人因家境萧条被迫卖箫糊口，自此专制平箫（图 5–10），挂牌出售。后因产品供不应求，始打破嫡传规训，招徒传艺，扩大生产规模。抗日战争时期，玉屏箫笛的生产有了大的发展，仅城区就有店铺 30 余家。1949 年后，箫笛制作技艺得到保护。20 世纪 80 年代至 90 年代前期，是玉屏箫笛发展的鼎盛时期，最高年产 50 余万支。随着现代化进程的加快，民族乐器受到很大的冲击，箫笛制作技艺的保护形势严峻，老艺人不足 10 人。2006 年该技艺被列入第一批国家级非物质文化遗产名录，保护传承情况有所改善。

图 5-9　玉屏龙凤箫笛

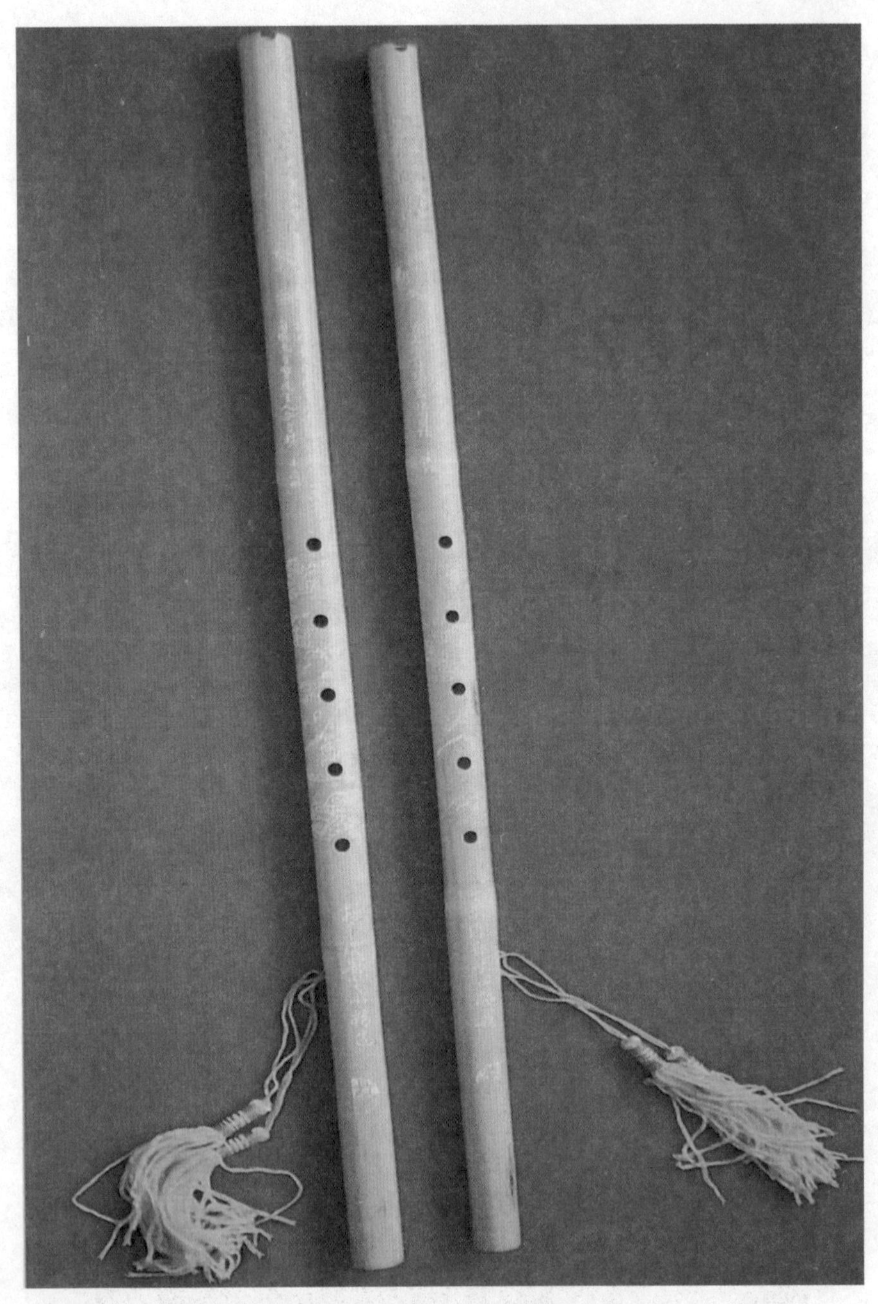

图 5-10 获 1913 年伦敦“国际工业展览会”银奖的郑氏“平箫”复制品

第五节　苗族芦笙

贵州雷山县是芦笙的重要产地。制作工匠分别居住在丹江镇的排卡村、方祥乡的平祥村和雀鸟村、桃江乡的桃梁村和年写村，这些苗族村寨都位于大山之中，交通极不方便。

制作芦笙（图 5–11）除要懂得乐理知识外，还要具备物理知识。芦笙种类较多，形体、音质各别，工匠须有长期经验。苗族师傅只用风箱、锤子、黄铜、斧、凿、锯、钻、苦竹、桐油和石灰就能制作出精美的芦笙，音质纯正，光洁美观，极负盛名。

芦笙是苗族文化的象征，苗民在演奏时把词、曲、舞三者融为一体（图 5–12），保持了苗族文化艺术的原始性、古朴性。制作技艺历来都由师傅

图 5–11　制作芦笙

图 5–12 芦笙表演

亲手教授，无文字资料留存，因工艺考究，传承比较困难。

昭通市大关县天星镇以苦竹、梓槁树皮、杉木、铜片为料制作芦笙，由笙管、笙斗和簧片三部分构成，音管一般为六根。王杰锋在继承祖传秘技的基础上，将音管改成八根或十根，又在黄铜中加入铅，增强其弹性及韧性，制成的芦笙更加响亮悦耳，传承百余年的“王芦笙”就此扬名滇黔交界的苗族村寨，为天星芦笙增添了光彩。这一技艺已于 2006 年列入第一批国家级非物质文化遗产名录。

第六节　马头琴[1]

马头琴的前身“火不思”“马尾胡琴”“胡琴”和“潮兀尔”等都由

[1] 关晓武：《马头琴制作艺术调查》，《技术：历史与遗产》，中国农业科学技术出版社，2010 年，第 322～331 页。

民间制作，没有统一的形制和音高标准。现在使用的马头琴是 20 世纪 50 年代后在潮兀尔的基础上逐步改进而成的，至 80 年代中期，形成统一的形制和音高定位，并在制琴专家段廷俊等的努力下，制作出高音、次中音、低音和倍低音马头琴，使之成为可以演奏多声部音乐的民族乐器。

高音、中音和次中音马头琴的形制结构是相同的，由琴头、琴杆、指板、琴箱、琴弦和琴弓等部件组成（图 5–13）。其中，琴头由马头、铜轴和木轴构成；琴箱由面板、背板、侧板、音梁、音柱、侧板饰缘和尾枕组成；琴弦以尼龙丝制成，以上马、下马、拉弦板和拉弦绳等部件支撑连接；琴弓则由弓头、弓杆、马尾库、弓尾螺丝和弓毛部分构成。低音和倍低音马头琴的侧板不加纹饰，但琴箱中腰借鉴了提琴翼部的凹弧结构，琴上亦依提琴制度张施四根金属弦。

除常用木工工具和通用电动工具外，还使用厚度卡尺、线锯、音柱装

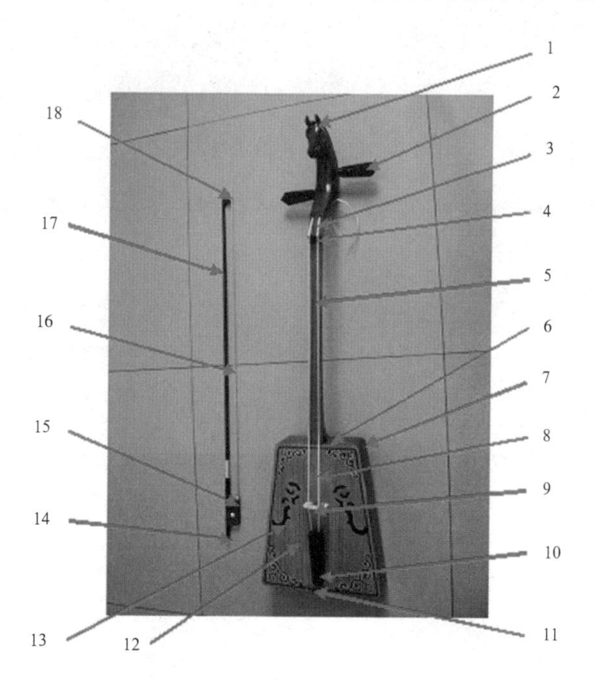

图 5–13　马头琴结构示意图（关晓武摄绘）
1– 琴头，2– 琴轴，3– 琴杆，4– 上马，5– 指板，6– 侧板，7– 背板，8– 琴弦，9– 下马，10– 拉弦板，11– 尾枕，12– 面板，13– 音孔，14– 弓尾螺丝，15– 马尾库，16– 弓毛，17– 弓杆，18– 弓头

置器、低音梁夹具、轴形夹具、G形夹具、校音器和调音支架等专用工具和制作琴头、琴杆、指板、音孔、侧板纹饰的专用样模，以及绘制纹饰图案的纹样。

以胶合板作普及琴的背板材料。色木用于琴杆、琴箱背板和侧板。鱼鳞木还用作低音梁和高音柱。面板采用梧桐木或鱼鳞木。指板选用乌木或红木。

琴头和琴杆制作工序：首先按样模和预定尺寸下料，做出琴头、琴杆坯件和指板。加工琴杆与指板黏结的结合面，将指板粘贴到琴杆上。再加工琴杆背面的半圆形弧面，在指板上端钻出弦孔。琴头的颈脖加工好后，在背部开出轴孔槽，以便安装铜轴。其次雕刻琴头，造型形态由艺人的灵感、禀赋和雕刻技艺决定。接着在琴杆下端突出部位锯出倒V字形开口，黏结长杆，组装时用以贯穿琴箱，系挂拉弦绳。修整打磨琴头和琴杆，再安装铜轴。琴头和琴杆须刮上腻子，刷涂底漆，待干透再装上木轴。

琴箱制作包括以下工序：（1）用木纹吻合的材料拼配制成面板、背板，沿中线刨平粘合，再刨平两面。（2）加工音孔，先标出基准位置，放置样模，画出音孔的轮廓形状，再切割出音孔。（3）粘合低音梁，下料后把梁与面板接触面刨平，再修成中间凸出略带弧形的结构。在面板内面标出位置，将之粘合到面板上，以夹具夹固。再将梁外端修整为近上端部位略高、两边稍低的弧线形。（4）用四块色木板黏结围合成侧板，并以绳索缚住紧固。候胶干透后，在板内四角处黏结角木。修整框边，加工成圆弧形。（5）粘合箱体各板，用侧板在背板上画出外廓线，对齐边线与背板黏结，用轴形夹具夹固。用同样方法粘合面板与侧板。然后修整面板、背板四边，使与侧板框边平齐。再在侧板上下两边中间部位钻出两个同轴穿孔，以备贯穿琴杆。在面板下端安装尾枕。（6）在色木片上依纹饰样描画，粘贴到侧板的四角上，即成纹饰。（7）以专用装置器把音柱直立安装在琴箱内面板与背板之间。继后打磨修整琴箱和音孔。专业型和高档型琴还需对琴箱背板调音。将琴箱放置在专用支架上，以音柱为中心，推刨修整背板，直到获得满意的音响效果为止。再精细打磨背板表面。（8）给琴箱上漆，先刮腻子，再涂刷底漆。干透后，用纹样在面板四边角处绘出图案的轮廓线，用黑色颜料、白色乳胶描出黑白纹饰。再对侧板和背板表面作喷漆刷漆处理。候干透后，用砂纸蘸水打磨侧板、背板，使之平整光洁。

部件和配套件准备齐全后即可组装，然后装弦和铜轴。中音马头琴张施两根尼龙丝弦，低音弦有160根丝，高音弦有120根丝。音越高弦越细。弓杆以前用巴西硬木或苏木制作，现在用缅甸进口的木料。弓毛以马尾制成。

马头琴（图5–14）的形制、装饰、制作和音色都有鲜明浓郁的民族特色，深为蒙古族人民所喜爱，其音乐和制作技艺皆已列入国家级非物质文化遗产名录。

图5–14　马头琴成品

第六章

日用生活和民俗用具

第一节　锁

簧锁是中国古代利用弹簧实现锁的功能的最常用实例。最早的锁形器出自湖北当阳曹家岗5号墓，年代在春秋晚期之前。该器有“凹”字形长栓，侧面呈“8”字形，饰以陶纹和三角雷纹，栓轴可抽动，但不能脱出。

最初的锁结构简单，仅有一个栓附在门上，并能在一木块上滑动。为防止锁脱出，增加了一个制子及两个锁环，其后又在墙上增加锁环。为便于开锁，就在门上开孔，使手能伸入。后来还将孔缩小到仅容一器件（如钥匙）插入，以提高安全性。

古锁设计制作的第一个重大突破是制栓器的发明，即用木或金属制的移动件，靠自身重量落入锁的卯眼，使之紧闭，然后用钥匙上的凸起，将制栓器顶起而开启。新疆柏孜克里千佛洞遗址出土有此类木锁和钥匙。

第二个重大突破是弹簧的应用。制栓器的结构靠簧片的张与合来实现锁紧与开启。锁簧由若干簧片组成，一端固定在金属杆上，另一端呈伞状散开而与杆有一定距离。当簧片由开口挤入锁内时，被压缩合紧，完全进入后又呈伞状张开，锁即自动锁紧。从另一开口插入钥匙，可束紧伞状簧片，将其推向后开口，锁即开启。

簧锁（图6–1）因结构简单、实用而深受民间欢迎，至今在中国农村仍能见到。

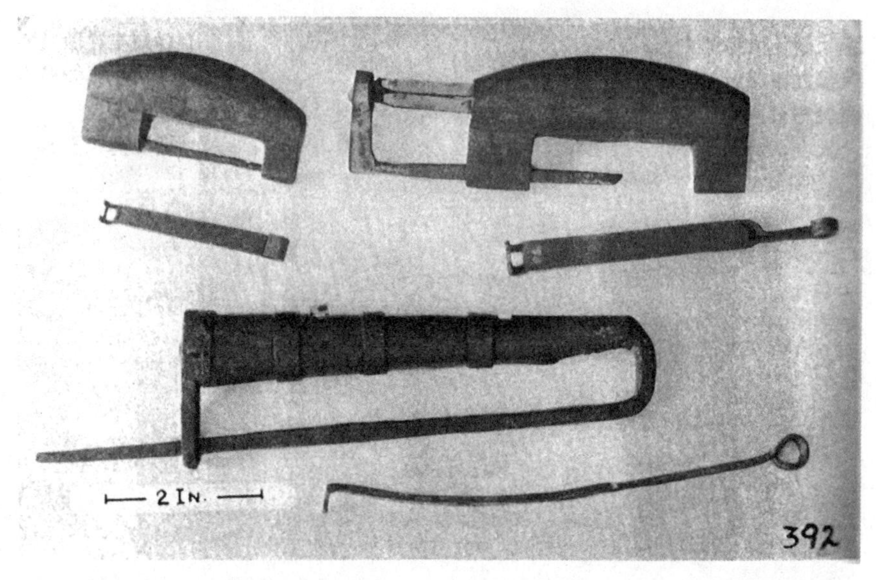

图 6–1　挂锁（引自［美］霍梅尔（Rudolf P. Hommel）著，戴吾三等译《手艺中国：中国手工业调查图录》图 447）

第二节　杆秤 [1]

杆秤是民间易用的运用杠杆原理设计制作的称量工具。东汉时期已经发明，北宋内藏库崇仪使刘承珪于景德年间（1004—1007）制作了小型杆秤——戥子（俗称戥秤），并对砣重、盘重、杆长、最大秤量和分度值作了明确规定。民国政府于 1929 年颁布《中华民国度量衡法》，1931 年修订有关杆秤制造、检定的实施细则。近年来，随着电子秤的普及，杆秤的使用范围已大为缩减。但许多地方仍有应用并保存其制作工艺。中国科学院自然科学史研究所张柏春和德国马普学会科学史研究所雷恩（Jürgen Renn）、马深孟（Matthias Schemmel）于 1998 年在北京通州区和湖南长沙对杆秤制作工艺作了调查。

① 张柏春，张治中，冯立昇等著：《传统机械调查研究》，大象出版社，2006 年。

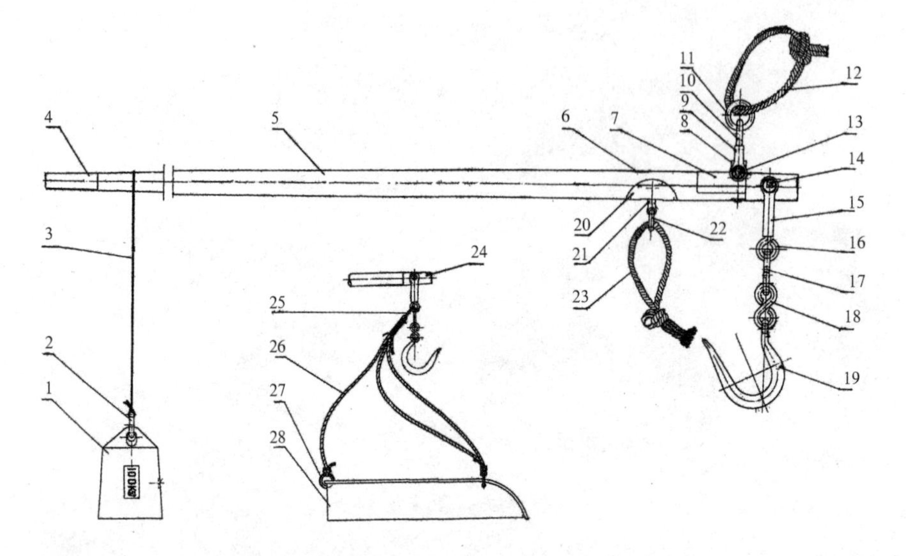

图 6–2 杆秤总装图

1– 秤砣，2– 砣环，3– 砣绳，4–（大）帽套（大头箍、保护帽），5– 秤杆，6– 标牌，7– 盖片，8– 刀桩，9– 支点刀架，10– 活络环，11– 连接环，12– 绳纽，13– 支点刀，14– 重点刀，15– 刀承，16– 活络环，17– 连接环，18– 连接环，19– 秤钩，20– 盖片，21– 吊毫（穿在暗刀上），22– 连接环，23– 绳纽，24–（小）帽套（小头箍、保护帽），25– 盘绳环，26– 盘绳，27– 盘系环，28– 秤盘

以通州为例，该区衡器检修所的几间屋子原先都用作制作杆秤（图 6–2）的工房。后来以电子秤取代杆秤，产量锐减，只两人继续制作。该所制作称量 15 公斤的杆秤方法如下：

1. 制秤杆。选花梨、红木等性能良好的硬木，北京及以北地区还用枣木做秤杆。河北新城县须将枣木放入碱水蒸煮一小时，再经两个月的风干才予使用。选购时，要求正直、无疤节、无裂痕。加工时，先锯成矩形截面，刨成圆杆使达到要求的直度和形状，再用砂纸打磨，使杆光洁。

2. 制帽套。把两块白铁皮卷折成筒状帽套。木杆两端削成锥面，使与帽套相合。将粗端的锥形段等分成十份，在距外端七份处，用烧红的铁杆沿径向烫出方孔（A），以备安装重点刀。帽套上，用锯和冲子作出两个正对方孔的方形通孔。以同样方法刨铲和修整木杆细端，装上帽套。

3. 下支点刀。又称挑分量、校分量，即确定支点刀的位置并安装刀组。“刀”是用碳钢制作的销子。在木杆粗端方孔装重点刀，确定“后支点”。

以“分步”（两脚规）顶尖的间距为一“步”。试调间距大小，直到从重点刀（A）到尾端帽套的中间正好“走”22步。在第一步的点上画一道印记，即为后支点的位置（B），亦即称量15公斤的刻度支点。

将刀架装到重点刀上，秤盘的盘绳环挂到U形刀承的活络环上。按照规定，盘绳长是杆长的三分之二，砣绳长度是杆长的二分之一。

“前支点”（“二毫”）也用“挑分量”来确定。挂上750克的秤砣，加上3公斤的砝码，手持菜刀将秤杆挑起，刀刃作为秤杆的支点。当秤杆处于水平位置时（杆尾稍高于杆头），刀刃的位置就是杆秤的“前支点”（C），也就是“二毫”。

4. 下分量。亦即划分刻度，或者确定星点分度值包括校零点。因木杆不像金属杆那样材质均匀、尺寸一致、重量相同，所以每根杆都要单独“下分量”，办法是：

挂起后支点的刀纽（B），秤钩和秤盘装上15公斤的砝码，秤杆挂上750克的砣。移动秤砣，当秤杆处于水平位置时，秤砣的绳就指出了15公斤的刻度点。照此，找到3公斤、5公斤点的刻度。如秤上不带任何砝码，挂起前支点的刀纽（C），移动秤砣。当秤杆处于水平状态时，砣绳的位置就指出了刻度的零点。再分别挂上3公斤和1公斤的砝码，找到刻度位置，画出印记。

持笔在杆的正中画出纵向直线，在杆的另一侧再画一条直线，刻度的星点就分布在这两条线上。沿直线用“分步”均匀地划分刻度（图6–3）。须通过反复调试，确定“分步”的步幅，画出印记。

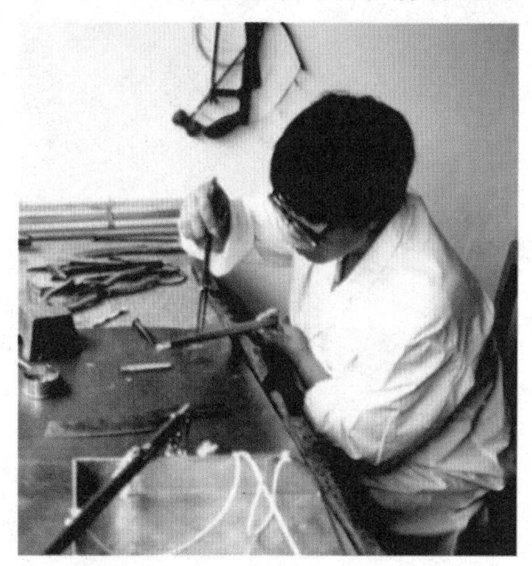
图6–3 分步、划分刻度（张柏春摄）

5. 制作秤星。按所画印记和星点式样，钻出0～3公斤刻度的星孔。

然后在相邻孔的正中间再钻一孔。这样，最小刻度就达到了 0.5 两。又按照所画印记，钻 3～15 公斤刻度的星孔，它的最小刻度就是 2 两。

用铜丝作秤星，逐个镶入秤杆，以油石打磨使杆表平滑、齐整。还要用木屑将铜星与星孔之间的缝隙填实，增加秤星的牢固度。秤杆上蜡，反复撸擦，使之变得光亮、美观。如木杆是白色的，则须在上蜡之前涂颜料，风干后上一道清漆，以防潮和防止掉色。

6. 组装。装上秤盘，挂上秤砣。复查后交活，由另一位师傅检定。

7. 检定。20 世纪 80 年代实行“三定”，即定杆长和杆重、砣重和盘重。

图 6–4　京城制秤旧影

由砣定星和零点。实行三定，零件容易更换。

杆秤和戥子应定期检验。北京产的杆秤按称量分为十种，分别为3、5、10、15、30、50、80、100、150、200公斤。某一特定称量的秤都带有方秤盘、圆秤盘和秤钩。30公斤以上的只有钩，不带盘。

长沙恒源计量器材店制作称量10公斤杆秤的方法与通州大致相同，文志飞师傅从事这一行业已40年，他按老办法确定支点位置和细分刻度从未出错。按相传的老规矩，徒弟需先学刨秤杆，包帽套，再学锉刀子，两年后可出师。中国手工业从来就十分重视职业道德和操守，制秤人也有自己的道德规范。行内习称刻度亏一两，制秤人就短寿一年。所以，制秤业（图6–4）是有自我道德约束的，世代相传的规矩是违背不得的。

第三节　伞

传说黄帝时就已用伞。据《吕氏春秋》《国语》所载，春秋时期已使用有柄的竹伞，如今伞仍是日常生活必备的用具。

已知中国最早的伞出自湖北江陵望江一号墓，属战国时期，伞面直径有3米，当是用作仪仗之属。可见汉代车伞的构件已相当完备。魏晋时，手持伞大量涌现，具有多种形式。隋唐伞面简洁，伞柄缩短，更适于收放开合。

北宋时期，纸伞结构最终定型。张择端《清明上河图》于多个场景描绘了伞的开合形象，其时制定的标准构件与联动机构一直通行于制伞业。清代出现精工彩绘的花伞。

一、西湖绸伞

据《杭州志·工业篇》记载，西湖绸伞于民国21年（1932）由都锦生创制。他在1928—1929年间几次去日本，从该地风行的阳伞得到启发，设想用西湖风景图像做伞面。1932 年，他从富阳鸡笼山订购竹子，请富阳、温州的制伞艺人制作伞骨，用刷花工艺在伞面装饰西湖风景图案，由工匠竹振斐制出了第一把杭州绸伞。上市后，受到人们的欢迎，风行一时。1949 年后，在政府关注下，西湖绸伞从停滞不振再度兴起。1960 年，杭州市工艺美术研究所设立了西湖绸伞研究室，竹振斐被聘为研究室主任，他与夫人游静芝一起培养了 21 名艺人，成为绸伞生产的技术骨干。

西湖绸伞（图 6–5）的制作工艺分为选竹、制伞骨、上伞面三大步骤，需经几十道工序，全部由手工完成。

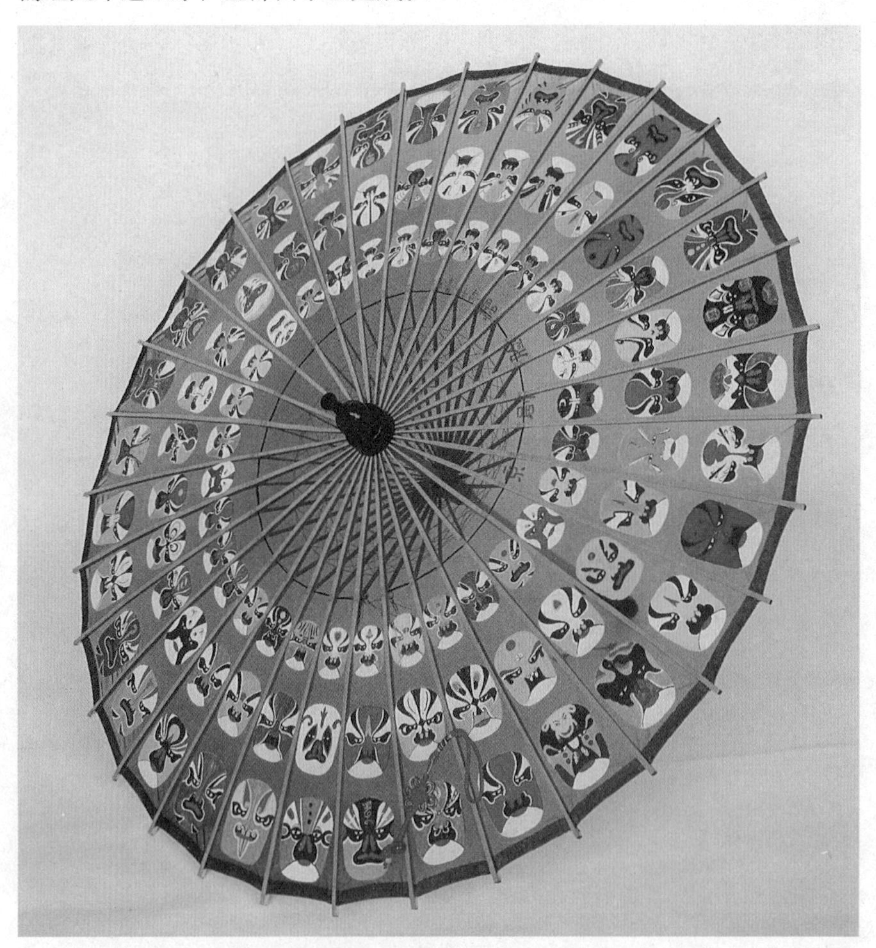

图 6–5 西湖绸伞

选竹俗称“号竹”。浙江竹源丰富，但适合劈制伞骨的却唯有淡竹。这种竹子竹筒瘦长、竹节平整、质薄细腻、色泽玉润，是制作伞骨的优质材料。每年白露前，伞厂派出有经验的老师傅到富阳、余杭、奉化、安吉、德清等地，挑选三年以上竹龄、粗细和竹节间隔适当、色泽均匀、没有阴阳面和斑痕的淡竹。每株仅取中段2至4节，过嫩、过老、过大、过小的都不能要。

制伞骨。把淡竹加工成伞骨要经过擦竹、劈长骨、编挑、整形、劈青篾等十多道工序。一把绸伞35根骨，每根宽4毫米。劈青篾时须做到篾青、篾黄厚薄适当、匀称，不得混杂。

伞面用特制的杭州丝绸制成。这种丝绸薄如蝉翼，织造细密，透风耐晒，易于折叠，有湖色、墨绿、果绿、橘黄等20多种色彩，图案有西湖十景、古代仕女、龙凤、梅雀等数十种。上伞面包括缝角、绷面、上架、剪绷边、穿花线、刷花、折伞、贴青等十多道工序。如穿花线，在细密的缝隙中穿针走线，来回交叉编制网纹，一把伞要穿296针，工艺之精细，令人叹为观止。贴青则要求将竹青的骨皮一支不错地胶贴到绸面上。制成的伞，重仅半斤。收拢时，绸面不外露，伞骨还原成一段圆竹，结节宛然，朴素大方。撑开时，伞面五光十色，视觉效果极佳。制作上等绸伞要达到“三齐一圆”，即顶齐、节齐、边齐，收拢圆浑。伞上配以“三潭印月”之潭为造型的木雕伞顶，伞柄用硬木雕成，高档的伞顶和伞柄则镶牛角。

2008年该技艺被列入国家级非物质文化遗产名录。

二、泸州油纸伞

油纸伞传统制作技艺原分布于云、贵、川、渝、粤等地，现仅存泸州市分水纸伞厂一家，以手工制作桐油石印纸伞见长。据《泸县志》记载，分水油纸伞起源于明末清初，至今已有400多年历史。据家谱记载，分水许氏家族传承制作油纸伞至今已100余年，经历了许绍楷、许桐生、许福廷、许子富、许昌齐、许学明和毕六富、董清华、胡天珍等八代。民国年间，许桐生创立了“许桐生老伞铺”字号，继后有了“美美牌”商标。起初仅生产红色油纸伞，现拥有红油纸伞、各式手绘油纸伞、各式石印画面油纸伞等种类，直径从 8 寸到 12 米 20 多个品种的系列产品。

分水油纸伞由伞托、伞骨、伞把构成。每把伞 36 根伞骨，以楠竹为原料，辅以皮纸、岩桐木、水竹、桐油等材料制成。选材考究，楠竹采自川南岩区向阳林带三年以上的成竹；皮纸采用川南土法生产的竹纤维纸；桐油采自川南经土法榨出的油。纸伞制作承袭传统，须经过锯托、穿绞（图 6–6）、网边、糊纸（图 6–7）、扎工、幌油（图 6–8）、箍烤等 90 多道工序。质量上乘，伞撑经反复撑收 3000 次不损坏，伞面清水浸泡 24 小时不脱骨，伞顶五级风不变形。伞面题诗作画，寄情寓意，饱含浓郁的乡土气息。可用于遮雨遮阳，亦可作婚丧嫁娶、观赏装饰的用品。产品销往法国、英国、德国、新加坡、美国、日本等国家和港、澳、台地区，深受广大用户和民间收藏者青睐。

三、江西婺源甲路纸伞[①]

甲路位于江西婺源境内。制伞老工匠胡周欣人称“甲伞真人”，他 14 岁时拜吴姓师傅学艺，出师后在老街的一家伞店做活。“文革”时，甲路制伞艺人被集中到 15 公里以外的赋春镇，胡师傅曾有一段时期被迫停业。改革开放后，甲路村恢复了制伞业。1990 年，以胡周欣为首的几位艺人成立了甲路工艺伞有限公司。制伞工序被精细地分工，周边的梅村、对坞等村落涌现出一批制作伞杆、伞骨和伞纸的外加工专业户，在婺源、南昌、杭州等地设有销售点，形成了一整套完善的生产销售体系。现该公司年产 60 万把伞，拥有 10 个系列 60 种型号的产品，远销日本、美国、澳大利亚、新加坡和欧洲等地。

① 李立新：《移动与收放：中国纸伞的田野调查与结构设计研究》，《中国工艺美术研究》，北京工艺美术出版社，2007 年。

图 6–6　穿渡五色丝线。此为最独特的“满穿”技艺，用五色丝线穿渡 2000 多针，堪称伞中绝品

图 6–7　裱糊伞面

图 6–8　幌伞。将采用传统技术熬制的桐油均匀地幌在伞面上，直到伞面光滑透亮

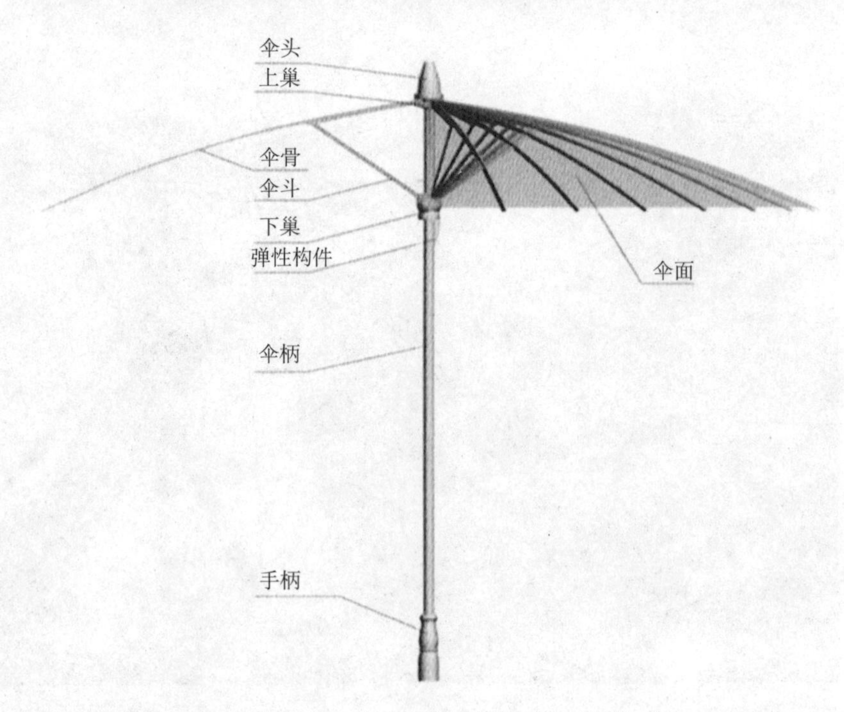

图 6–9　纸伞的结构（引自李立新《移动与收放：中国纸伞的田野调查与结构设计研究》图 3）

甲路纸伞包括伞柄、伞骨、伞斗、伞巢、伞键、伞面和手柄等部件（图6–9）。

伞柄（图6–10）是全伞的支柱，伞的整个系统都是围绕着它建构的，故其制作尤需工匠精心和认真把握。一般择多年生长、肉质厚实、直挺且均匀的细竹，截断后去节痕，磨平，曝晒，开伞键眼，钻销孔，刷清油。

伞骨和伞斗的结构较复杂，它们之间的组合和连接（图6–11）成为整个伞收放结构的核心。伞面大小由伞骨的长短决定。一把伞的全部伞骨都取自同一竹筒，这样才能紧密吻合，浑然一体，并适于集成化、标准化加工。伞斗在伞骨的三分之一处与之相接，构成一个活动的节点。另一端与下伞巢相接。下伞巢套入伞柄，可自由滑动。伞斗短而薄，撑开后形如斗状，其数量与伞骨相同并一一对应。

图6–10　截断伞柄（引自李立新《移动与收放：中国纸伞的田野调查与结构设计研究》图4）

伞骨的标准尺度是半径一尺八寸，44根。大尺度的伞骨可将伞面向外伸展，使伞下人、物不被日晒雨淋。更为复杂的构件是上、下伞巢。上伞巢由巢齿与葫芦头合为一体，插入伞柄上端，用竹钉固定成伞头。下伞巢中空，巢齿与上伞巢相对应套入伞柄。手操下伞巢往上推

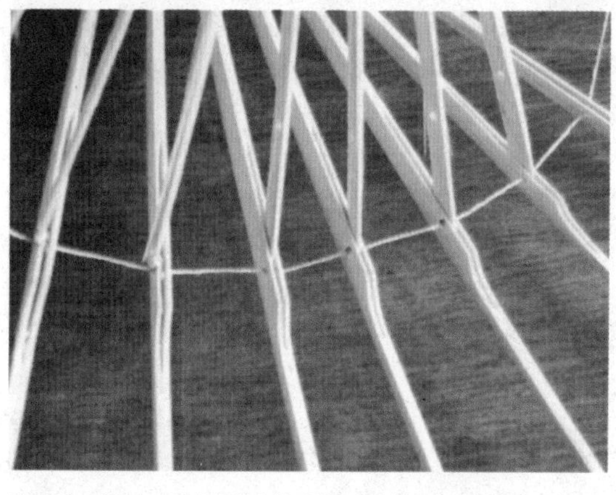

图6–11　伞骨与伞斗之间的连接（引自李立新《移动与收放：中国纸伞的田野调查与结构设计研究》图5）

时，相连的伞斗支撑着伞骨向外伸展。伞键是伞的开关装置，由薄片竹削成。它有两个折曲设计，其一是按键下的直角折曲，弹出并锁定伞巢时，正好卡在伞柄的键眼下方，有利于抵御张力的下压。其二是尾部斜折，它在伞柄竹筒内因倾斜而产生极好的弹性，可使伞键一端从键眼弹出，达到锁定开合的目的。另外，在伞键上方5厘米处，用竹销钉横穿伞柄并露头，以防上推伞巢时超过临界点而导致全伞反向崩裂。

伞面体现伞的功用，所谓“晴天却阴雨天晴”。纸质伞面选用上好绵纸分三层裱糊，它的加工较布帛容易，折叠更自由，缺陷是牢度不强，可裱糊多层与上漆来解决这一问题。纸上涂柿漆、桐油或清油，不易破损，更能防水、防晒、防蛀。

手柄用于握持，柄底圆形，上部为喇叭口状，使手指感到舒适，符合人体工程学的要求。

第四节　扇

扇的起源很早。晋崔豹《古今注》说：“舜广开视听，求贤人自辅，作五明扇，此箑之始也。”殷商时代出现了由羽毛编制、用作仪卫与障蔽的翣，西周出现了羽毛扇。战国秦汉时期有用细竹篾编制、短柄的半规形扇，称为“便面”。因形似单扇门，又称“户扇”。西汉时期的合欢扇又称宫扇、纨扇、团扇，以扇柄为中轴，左右对称似圆月。这种对称式团扇历代沿用不衰，成为我国传统风格的扇型。

纨扇无法开合，携带不便，折扇遂应运而生。南宋折扇生产已有相当规模，明代更为盛行，各地因地制宜制造的扇子，形成独特风格，著名的有川扇、苏扇、岳州扇、金陵扇，而以杭扇最负盛名。

一、杭扇

杭州的属县富阳、临安、于潜产的纯桑纸，安吉的竹，绍兴、吴兴的鹅毛都是制扇不可缺少的原料。在漫长的发展过程中，杭扇经历了两个鼎盛时期。一是南宋，靖康事变后，北方能工巧匠聚集杭州与本地原有的生产技术结合，扇的品种和样式大量增加，用料考究，成为点缀新都的重要行业，清泰街至河坊街之间的扇子巷长二里许，是扇铺聚集之处，其地名仍沿用至今。另一鼎盛时期是在清康熙中叶后。《中国实业志》载："杭城营制扇者总计约有五十余家，工人之数达四五千人。"兴忠巷有扇业祖师殿，也是扇业的会馆。该馆重建于光绪十四年（1888），神位供奉的扇业老艺人有462名。杭扇制作精良，造型典雅，故自古有"雅扇"之美称，与杭绸、龙井茶齐名，并称为"杭产三绝"。不仅畅销国内，而且风行国外。以下简述杭州王星记的制扇技艺。

王星记扇庄始建于光绪元年（1875），创始人为王星斋，其祖父和父亲均为制扇能手。星斋从小随父学艺，艺成后，在三圣桥钱记扇庄工作，附近有制扇名匠陈益斋开设的泥金贴花扇作坊，长女陈英也是制扇高手。后王星斋娶陈英为妻，所制真金贴花扇名噪一时。光绪二十七年（1901），王星斋又在北京杨梅竹斜街开设扇庄。王星斋宣统元年（1909）病故，其子王子清继业，1929年在杭州太平坊开设王星记扇庄，以三星作商标，生意日益兴隆。抗战爆发后，杭扇凋敝，1944年产量仅1.4万把。新中国成立初期生产停滞，直到1958年3月才恢复王星记扇厂，年产48万把。现在杭州王星记扇厂生产的扇子有13个大类，300多个花色品种，其中以安吉、临安的毛竹和广西、贵州等地的棕竹为扇骨，瑞安、富阳等地的桑皮纸为扇面，纸质绵韧，不易断裂。扇面都涂刷诸暨产的高山柿漆，其制作极为讲究，须用力搅拌，待搅棍提高至二尺，漆液下垂成丝状而又连绵不断，颜色漆黑而透亮时方为合用。从选料到成品，要经过制骨、糊面、折面、上色、整形、整理等约80道工序。合格的黑纸扇须雨淋不透，日晒不翘，经久耐用。成品检查时，要求在水里浸泡四小时仍坚固如新，光泽不变；在烈日下曝晒四小时，仍平整如初，不翘不裂。它既可以挥风取凉，又可以避雨遮阳，故有一把扇子半把伞之称。

檀香扇（图6–12）于1920年由王星记扇庄自创。它以产于印度和东南亚的檀香木，取百年以上的树芯为原料制成，有扇存香存的特点，三五十年后依然阵阵清香。如放入衣柜，还可防虫防蛀。扇的装饰大多采用绘画、雕花、拉花、烫花工艺，一般是在两柄大扇骨上雕刻人物山水、花鸟鱼虫。拉花是手握竹弓，用带齿钢丝在扇片上拉镂出精细多变的空透花纹。1982年，扇厂老艺人制作的一把《西厢记》檀香扇，拉出近2万个孔眼，图案精美绝伦、巧夺天工。烫花又称火笔画，通过线条的长短粗细、刚柔强弱、轻重徐疾、顺逆顿挫，表现人物的质感和神态。运用扇片的自然木纹，还能生出水流波涌、烟云缭绕等特殊效果。

王星记扇的扇面装饰丰富多彩，手法多样，艺人们把文美、字美、扇

图6–12 烫拉檀香扇《白蛇传》（赵平加制作）

美巧妙地融为一体，使杭扇成为扇中之扇。这一制作技艺已于2008年列入第二批国家级非物质文化遗产名录。

二、苏扇

明清两代，是苏州制扇业的鼎盛时期。王鏊《姑苏志》记载，折扇扇骨产于陆墓，名匠有马勋、马福、柳玉台和蒋苏台。清代，苏扇已形成了独特艺术风格，成为贡品。太平天国后，制扇作坊由陆墓向城内发展，集中在阊门山塘街和桃花坞韩衙庄一带并建立了折扇公所。产品遍及大江南北。民国初年，折扇作坊由桃花坞扩展到西街附近，从扬州迁至苏州的有黄荣记、孙恒和、徐经山等扇庄，还有常州来的张多记扇庄。1949年后，苏州制扇业复苏，成立了苏州檀香扇厂和苏州扇厂，产品有折扇、檀香扇和绢宫扇三大类。其中檀香扇年产量高达30万把，花色发展到300多种，畅销国内外。

明沈德符《万历野获编》称："吴中折扇，凡紫檀、象牙、乌木作股为俗制，惟棕竹、毛竹为之，称怀袖雅物。"苏州折扇（图6–13）做工讲究，造型优美，竹色玉润，边直轮齐，折叠紧凑，开合自如，扇面厚薄均匀，平正牢固，久用不裂。

檀香扇（图6–14）造型优美，扇面高雅，散发天然香味，拉花、烫花、画花和雕花工艺均负盛名。

绢宫扇可追溯到宋代，古称宫扇。以绫、罗、绢为面，故又名纨扇、罗扇和绢扇。除扇凉外，亦为闺女遮面之用，故有便面、障面的别称。

以折扇为例，扇骨须用肉头厚、色泽好的安徽、浙江两地毛竹为原料。选出竹色清白、无斑点和无黑丝的竹料，再经煮、劈、刮、拖、倒、烘、打磨、雕刻、髹漆等58道工艺的精细制作才能成扇。扇骨的档数和尺寸一般从九档至十八档不等，其上刻有山水、花鸟、文字。此外，还有各种高档漆骨扇。扇面用超等绵料宣纸上胶矾后裱成，金面和泥金用金箔制成。此项技艺已

图 6–13 苏州高档竹折扇（张雷提供）

图 6–14 沈劼制作的檀香扇（单存德提供）

于2006年列入第一批国家级非物质文化遗产名录。

三、龚扇

龚扇为蜀中名扇，由龚氏首创而得名。光绪年间，四川自流井制扇艺人龚爵五编成细篾竹丝扇，扇面有福禄寿喜或喜鹊闹梅图样，深受人们喜爱。光绪末年，四川劝业道周孝怀为振兴百业，在全省评选优质手工艺品，竹丝团扇和成都卤漆、梁平竹帘一同获奖。龚爵五之子龚玉璋又把名家画稿织入扇中，从此龚扇闻名遐迩。

该扇选用青阴山一年黄竹为原料，以特制工具加工的竹丝透明莹洁，薄如蝉翼，再按名家书画行丝走篾，精心穿、吊、镶、破，再现原作神韵，扇面光洁类似绫绸。敲打扇把有如鼓声，使观者误认为素丝织锦。用白牛角做扇把，饰以丝质流苏，更显质地高贵。这种用天然材料制作、风格朴实、技艺高超的竹丝制品正是东方民间工艺的代表作，可谓巧夺天工。

龚扇呈桃形，直径约26厘米，从备料、制丝到编织都是手工操作。所用竹丝直径仅0.01～0.02毫米，一幅名家字画须用700～2000根竹丝，才能形神兼备地跃然于扇面之上。除画面外，还要编织边条，上木模，锁边和上胶，从开始到完工分为五个步骤，由制作者独立完成。第二代传人龚玉璋打制了成套刮刀、尖刀、拨针等专用工具，用开、减之法将竹丝刺成绒毛状表现麻雀的老嫩，用开、破的编织技巧将细如发丝的竹丝再行刺破，表现画面人物的眉毛；又用青、白竹丝本色巧妙处理画面、书法、图案的明暗。细微处见神韵，明暗间见匠心，山水人物、飞禽走兽、书法花卉皆活现于扇面。第三代传人龚长荣编制的《貂蝉拜月》，巧妙运用龚扇向光、逆光的不同特性，令缕缕轻烟似有若无，含蓄多姿。这一独特的制扇技艺已于2011年列入国家级非物质文化遗产名录。

第五节　飞车

晋葛洪所著《抱朴子》于内篇卷十五“杂应”称：“……用枣心木为飞车，以牛革结环，剑以引其机。”1956 年，国际科学史第八次代表大会在意大利举行。其间，李约瑟曾向竺可桢、刘仙洲询问，他认为这段文字与直升飞机的工作原理有关。竺、刘回国后，向王振铎作了转达，希望他作一探讨。1959 年，王振铎根据自己的研究，制成了飞车模型（图 6–15），在故宫午门前试放，可升高至阙楼下檐，所撰论文《葛洪〈抱朴子〉中飞车的复原》于 1984 年刊于《中国历史博物馆馆刊》。

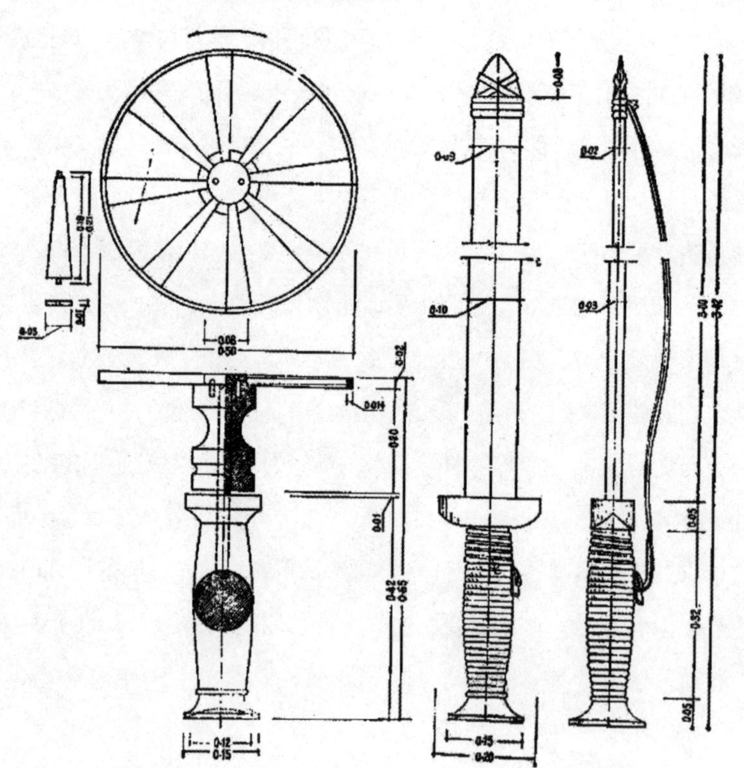

图 6–15　飞车复原模型结构图

王振铎认为，《抱朴子》文中所说枣心木即枣木的心材，木质较硬，多呈棕红色，适于作为小木作的用材。许慎《说文解字·车部》称车为“舆轮之总名”，训轮为“有辐曰轮”。王祯《农书》、宋应星《天工开物》等古籍都将有轮轴的机械称作“车”，《宋史·岳飞传》也称杨么所制以轮驱动的战船为“车船”。所以，葛洪所说的“飞车”也就是飞轮。所谓“以牛革结环,剑以引其机”,应是使用牛皮所制绳带,系结为环状,用弓状的“剑”来带动轴状机牙机构，使飞车升起。这种轴状机构与辘轳相类似，立装在木柄上，中有立轴，上承飞车，当皮带牵动辘轳时，旋转的轮产生升力使飞车升空。现今民间习常作为玩物的竹蜻蜓，其结构和功用均与飞车相似，只是将原先的轮改为叶片，无疑是从飞车演变而来。它传到欧洲称作中国陀螺，论者视之为直升机旋翼之先河。

第六节　孔明灯

又称天灯，相传由三国时的诸葛孔明发明。传说清道光年间台湾基隆河上游十分寮地区闹土匪，村民都逃向山中，待土匪走后，留守村中的人，于夜间施放天灯，告知避难的村民下山回家。当日正是农历正月十五元宵节，从此以后，每年元宵节，村民便放天灯以示庆祝，并向邻村报平安，故又称天灯为“祈福灯”“平安灯”。

孔明灯（图 6–16）主体多以竹篾编成，用纸糊成灯罩，底部的支架也以竹篾制作，其形制有大有小，有圆形也有长方形。点灯时，底部支架中间绑上蘸有油的布或纸，点燃后，产生热空气，灯便冉冉升空。如果天气不错，油烧完后，灯会自动下降。有时可在灯底拴线，利于回收，又能控制飞升高度和范围，避免引起火灾。目前，我国许多地区仍保存此项制作技艺，在节庆时放飞自娱。

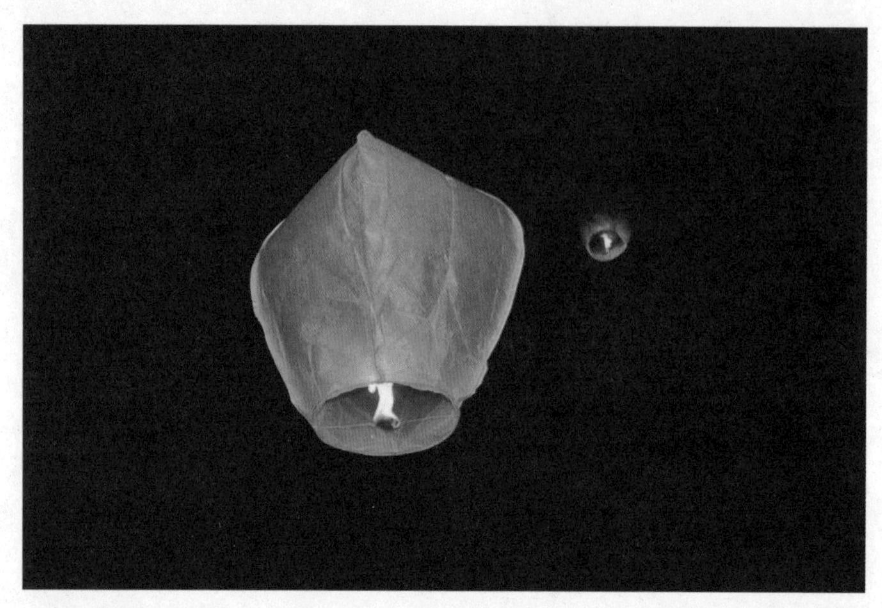

图 6–16　孔明灯

第七节　被中香炉

被中香炉（图 6–17、图 6–18）用于点燃香料、熏被褥。在其外壳和中心炉体之间有两三层同心圆环，炉体以轴支于内环孔内，可自由转动。内环以外环支承，外环则支于外壳内。由于重力作用，不论球壳如何转动，炉体总保持水平状态，不会把香灰洒出。

被中香炉最早见于《西京杂记》："长安巧工丁缓者……又作卧褥香炉，一名被中香炉，本出房风，其法后绝，至缓始更为之。为机环转运四周，而炉体常平，可置之被褥，故以为名。"唐宋以后的著作提到被中香炉的相当多，如牛峤《浣溪沙》："枕障熏炉隔绣帏"，明田艺蘅《留青日札》卷二十二："今镀金香球，如浑天仪然，其中三层关棙，轻重适均，圆转不已，置之被中，而火不复无，其外花卉玲珑，而篆烟四出。"

图 6–17 唐银薰球，1963 年陕西西安沙坡村出土（引自《中国古代科技文物展》图 10–18）

图 6–18 被中香炉内部结构

被中香炉的特异之处在于无论外层怎样旋转，内层的炉子始终保持“常平”。与被中香炉工作原理相同的现代万向支架也称常平支架，陀螺仪即为对万向支架的应用。

西方最早设计常平支架的，是意大利人卡丹（Girolamo Cardano，1501—1576），故又称之为卡丹悬吊或卡丹环。1629 年以拉丁文出版的著作《机械》（*Le Machine*），提出用万向支架减轻车辆在崎岖道路上的震动，以便运送病人。把万向支架用于现代科学研究并做出重要发现的是法国人傅科（Jean-Bertrand-Ldon Foucault），他于 1851 年提出用高速旋转的陀螺来显示地球的自转。

19 世纪中叶，以蒸汽机驱动的轮船大量使用钢铁作为造船材料。磁性罗盘在钢铁附近，其指南性不可靠，而陀螺仪的定向性不受钢铁材料影响，可以代替罗盘的功能。1908 年，德国人安休茨 (Hernann Anchfitz) 制成可用于航行的陀螺仪，随后德国海军在潜水艇和装甲舰上安装了这种仪表。1921 年美国人斯派瑞 (Elmer Ambrose Sperry) 制作了依靠陀螺仪自动掌握轮船行驶方向的控制装置，随后又利用其定向性制成减轻船舶颠簸的稳定器。第一次世界大战期间，德国与美国先后把陀螺仪用在飞机上作为倾斜与转弯的指示器。1929 年，美国人多里特 (J. H. Dolit) 应用陀螺水平仪、航向陀螺仪来控制飞行。这些都是常平支架实际应用的典例。

第八节　走马灯

走马灯（图 6–19）是中国民间带有活动物影的灯具，最早可追溯到唐代的影灯。《全唐诗 · 崔液上元夜六首之二》：“神灯佛火百轮张，刻像图形七宝装。影里如闻金口说，空中似散玉毫光。”其中所描绘的“百轮”和“七宝”应即走马灯的叶轮装置和纸剪人马形象。

北宋金盈之《醉翁谈录》记开封灯市有“马骑灯”亦即走马灯。南宋周密（1232—1298）《武林旧事》称京城灯市“沙戏影灯，马骑人物，旋转如飞”，光绪三十二年（1906 年）刊印的《燕京岁时纪》载：“走马灯者，剪纸为轮，以烛嘘之，则车驰马骤，团团不休。烛灭则止矣。”

走马灯的构造一般是在灯笼中装一根铁丝作立轴，上方装纸剪的叶轮，中部横装两根交叉的横杆，杆的外端粘贴人马之类剪纸。叶轮的叶片沿一个方向斜置，在立轴下端侧装一烛。点燃，热气流上升，叶轮带动横杆旋转，人马形剪纸也随之转动，其影投射在灯罩上，产生人马“旋转如飞”“团团不休”的景象。

走马灯将燃烧灯烛产生的热能转化为机械能，与现代燃气轮机的工作原理相似。15 世纪末，欧洲把具有轴和传动装置的叶轮放在烟筒内转动烤肉叉，李约瑟推测可能源自中国的走马灯。

图 6–19　走马灯模型（引自《中国古代科技文物展》图 10–11）

结 语

综上所述，中国古代工具器械有众多曾领先于世界的发明创造；作为农业大国和丝的母国，在农业机械和纺织机械方面的成就尤其突出和丰富多彩，诸如曲柄连杆机构和双动作鼓风器的设计制作，充分说明先民们的智慧和创造力。

与此同时，古代中国和西方的机械制造业都存在某些结构性的缺陷与不足。例如，中国的传统制作技艺更倚重铸造，锻造则相对薄弱，古代欧洲的情形恰与之相反。又如，在机械连接方面，中国以榫接见长，却从未使用过螺栓、螺帽。尽管如此，在漫长的历史时期，工具器械制作始终是中国社会经济发展的强大支柱。没有它的支撑，中华文明的繁荣昌盛是不可想象的。东西方的机械制造业在古代都出色地完成了它们的历史使命，正如《易 · 系传下》所说："天下同归而殊途，一致而百虑。"

中国人是聪明和富于巧思的，上文提及的飞车、孔明灯、被中香炉和走马灯与现代的直升机、热气球、陀螺仪、燃气轮机的工作原理是相类似的。然而，它们毕竟没能从生活用具和玩物提升并转化为现代机械。这样的提升和转化，只有当社会发展到了现代文明阶段才有可能。

后　记

本书各章节的分工如下：

第一章第一节二、三，第二章第二节一、二，第三章第一节一、二，第四章，第六章第一节由冯立昇、黄兴和段海龙撰写。

第二章第四、五节，第六章第二节由张治中、张柏春、孙烈撰写。

第二章第二节三至五和第三节由张治中、张柏春、关晓武撰写。

第一章第一节一，第二、三节，第二章第一、六节，第三章第一节三和第二节，第五章，第六章第三至八节由关晓武、冯立昇撰写。

全书由冯立昇、关晓武统稿。

在本书撰写过程中，北京钧天坊古琴技术研发中心、北京吴氏管乐社及贵州和四川等地的相关部门，苏州的王汉卿、单存德、张雷和沈博文等先生，杭州的工艺美术大师赵平加等提供了相关制作技艺的资料、图片，华觉明先生对本书的框架结构和内容提出了很多修改建议，编者在此致以深深的谢意。

迄今有关工具器械方面的研究还很薄弱，有待深入开展。因受学识和资料的限制，在编纂过程中难免存在错失和疏漏之处，我们期待着读者的批评和指正。

编著者

2012 年 3 月 18 日